動物心理学への扉

──異種の「こころ」を知る──

中島定彦 著

A door to animal psychology:
Understanding the minds of other species

昭和堂

はじめに

　動物心理学 animal psychology は動物の**心 mind** を探ろうとする科学です。ヒトも動物ですが、動物心理学でヒトが対象となるのは、ヒト以外の動物種との比較において考察される場合に限られます。

　相手の心を正しく言い当てるのはヒトの間でも難しいものです。ヒトは他人の心を知ることができるかという問いを哲学では**他我問題 problem of other mind** といいますが、動物心理学が扱うのは他の動物種の心ですから、動物心理学は**他種我問題 problem of mind of other species** に挑む科学だといえるでしょう。

　ここで考えねばならない重大な事項が2つあります。まず、「ヒト以外の動物に心があるか」という疑問です。現代心理学は**意識 consciousness** の科学として誕生しました。心＝意識とすれば、上の疑問は「ヒト以外の動物に意識はあるか」と換言できます。2012年に英国ケンブリッジ大学に集まった神経科学者や動物学者らは、「意識を生み出す神経学的基盤を持つのはヒトだけではないことを示す多くの証拠がある。すべての哺乳類と鳥類、そしてタコなどもそうした神経学的基盤を有する。」と宣言しました（意識のケンブリッジ宣言）。つまり、そうした動物に意識を認めたわけです。しかし、意識の定義は学者によってさまざまです。動物の意識を評価する具体的項目を提案している研究者もいますが[1]、学界の合意は得られていません。「心＝意識」としてよいかという問いや、そもそも心とは何かという根源的謎もあります。これらに簡単な答えはありませんが、本書はそうした難題に対する皆さんの見識を広げ、深める役に立つでしょう。

　もう1つの重要事項は、間違った擬人化です。われわれはヒトの観点でヒト以外の動物の行動を解釈しがちです。例えば、鍵を外して扉を開ける愛犬を見た飼い主は、鍵の構造を理解した天才犬だと思ってしまいがちですが、場当たり的な試行錯誤で獲得した機械的な行動なのかもしれません。実験や観察の結果から動物の心的能力について結論する際は、つまらない説明（**興ざめ仮説 killjoy hypothesis**）を否定できるかどうか検討せねばなりません[2]。

動物心理学への扉―異種の「こころ」を知る　目次

はじめに　*i*

第*1*章　動物心理学の枠組 　　　　　　　　　1

1. 動物 　　　　　　　　　　2
Topic 生息地と動物の身体差異　3

2. 進化 　　　　　　　　　　4

3. 動物心理学の歴史 　　　　　　6
（1）動物心理学の起源　6
（2）機械論　6
（3）比較心理学の誕生　7
Topic 植物心理学　7
（4）進化論　8
（5）比較心理学と動物の知能　8
（6）反射と向性　9
（7）ソーンダイク　10
Topic 賢馬ハンス（クレバー・ハンス）　11
（8）行動主義と新行動主義　12
Topic スナークはブージャムか？　13
（9）類人猿研究　14
（10）動物行動学とその影響　14
Topics 動物訓練／進化心理学　16
（11）動物心理学における認知革命　17

4. 動物心理学の研究方法 　　　　18
◆さらに知りたい人のために　20

第 *2* 章　感覚と知覚 1 ———————————————— 21

1. 環世界 ————————————————————————— 22

2. 感覚・知覚研究の方法 ———————————————— 23

(1) 解剖的・生理的方法　23

(2) 行動的方法　23

3. 視覚 ————————————————————————————— 24

(1) 光受容器の進化と構造　24

(2) 視力　26

(3) 色覚　30

(4) 視野　32

(5) 形態視　34

(6) 視覚的探索　36

Column 時間分解能　37

Column 奥行知覚と立体視　38

Column 錯視研究　39

◆さらに知りたい人のために　40

第 *3* 章　感覚と知覚 2 ———————————————— 41

1. 聴覚 ————————————————————————————— 42

(1) 音受容器の進化と構造　42

(2) 可聴域と聴覚閾　44

(3) 音源定位　46

Topic 電気受容器　47

(4) 反響定位　48

2. 化学感覚 ———————————————————————— 50

(1) 化学受容器の進化と構造　50

(2) 嗅覚　52

(3) 味覚　54

Topic ネコは甘味を感じない　55

3. 体性感覚 ———————————————————————— 56

(1) 体性感覚受容器の進化と構造　56

(2) 特殊な触覚能力 *58*

(3) 痛覚 *59*

Column フェロモン感覚 *60*

◆さらに知りたい人のために *62*

第*4*章　本能 ————————————————————————— *63*

1. 動機づけ —————————————————————————— *64*

2. 情動 ———————————————————————————— *65*

3. 本能的行動 ———————————————————————— *66*

(1) 摂食行動 *66*

(2) 性行動 *67*

(3) 定位行動と帰巣行動 *68*

(4) 渡り行動 *70*

(5) 回遊行動 *71*

4. 睡眠と生物リズム ————————————————————— *72*

(1) 睡眠 *72*

(2) レム睡眠 *73*

(3) 生物リズム *74*

Topics 農業と牧畜／推測航法による帰巣 *76*

Column 走性と向性 *77*

Column 好奇心と遊び *78*

Column 擬死 *79*

◆さらに知りたい人のために *80*

第*5*章　学習 ————————————————————————— *81*

1. 学習の基本的機序 ————————————————————— *82*

(1) 馴化 *82*

(2) 古典的条件づけ *84*

(3) オペラント条件づけ *86*

2. 刺激性制御 ———————————————————————— *88*

(1) 般化 *88*

　　　（2）弁別　*88*

　　　（3）条件性弁別学習　*88*

　3. 時空間学習─────────────────────────*90*

　　　（1）時間学習　*90*

　　　（2）空間学習　*91*

　4. 種間普遍性と種間比較──────────────────*92*

　　　（1）学習と脳神経系　*92*

　Topic アメーバの「迷路学習」　*93*

　　　（2）学習能力の種差　*94*

　　　（3）学習セット　*95*

　Column 条件づけにおける刺激競合　*96*

　Column 無関係性の学習と無力感の学習　*97*

　◆さらに知りたい人のために　*98*

第*6*章　記憶───────────────────────────*99*

　1. 短期記憶の行動的研究法──────────────*100*

　　　（1）生得的行動と短期馴化　*100*

　　　（2）痕跡条件づけ　*100*

　　　（3）遅延強化手続き　*101*

　　　（4）遅延反応課題　*102*

　　　（5）遅延見本合わせ　*103*

　　　（6）放射状迷路　*103*

　2. 短期記憶の諸相───────────────────*104*

　　　（1）忘却　*104*

　　　（2）記憶表象　*106*

　　　（3）指示性忘却　*108*

　　　（4）メタ記憶　*109*

　3. 長期記憶の行動的研究法──────────────*110*

　　　（1）生得的行動と長期馴化　*110*

　　　（2）条件づけ　*111*

　　　（3）刺激弁別学習　*111*

4. 長期記憶の諸相————————————————————112
　　(1) 系列学習　*112*
　　(2) 陳述記憶　*112*
Topics 回想記憶と展望記憶の切り替え／
　　　　チンパンジーの数列と場所の短期記憶　*114*
Column 系列記憶　*115*
◆さらに知りたい人のために　*116*

第*7*章　コミュニケーションと「ことば」————————117

1. コミュニケーション————————————————118
　　(1) 視覚的コミュニケーション　*118*
　　(2) 聴覚的コミュニケーション　*120*
2. 動物の「ことば」————————————————————122
　　(1) ミツバチの尻振りダンス　*122*
　　(2) 鳥の歌（さえずり）　*123*
　　(3) 類人猿の言語訓練1（音声から手話へ）　*124*
　　(4) 類人猿の言語訓練2（彩片語と鍵盤語）　*126*
　　(5) オウムの言語訓練　*128*
　　(6) イルカとアシカの身振り言語理解　*128*
Topic ネコと飼い主の種間コミュニケーション　*129*
3. ヒトの言語と動物の「ことば」————————————130
Column 嗅覚的コミュニケーション　*131*
Column ハトの会話実験　*132*
Column ボーダーコリーの言語理解　*133*
◆さらに知りたい人のために　*134*

第*8*章　思考————————————————————————135

1. 知能と脳の大きさ————————————————————136
2. 問題解決と洞察————————————————————138
　　(1) 迂回課題　*138*
　　(2) 紐引き課題　*138*

（3）箱とバナナ課題　*139*

3. 道具の使用と製作 ————————————————————— *140*

4. 概念と推論 ——————————————————————————— *142*

（1）カテゴリ概念　*142*

（2）物理的関係概念　*144*

（3）機能的関係概念　*150*

（4）数概念　*154*

Topics 排他的推論／条件づけと因果推論　*158*

Column カラスと水差し　*159*

◆さらに知りたい人のために　*160*

第 *9* 章　社会 ————————————————————————————— *161*

1. 社会集団 ——————————————————————————————— *162*

（1）群れ　*162*

（2）個体分布　*162*

（3）なわばりと行動圏　*163*

（4）順位制　*163*

2. 他者の影響 ————————————————————————————— *164*

（1）模倣　*164*

（2）行動の伝播　*166*

（3）無意識的物真似と相互同期　*167*

（4）社会緩衝作用　*167*

3. 他者へのかかわり ————————————————————————— *168*

（1）協力　*168*

（2）不公平嫌悪　*168*

（3）向社会行動　*169*

4. 他者の理解 ————————————————————————————— *170*

（1）欺き　*170*

（2）他者の知識や意図の理解　*171*

（3）他者の感情の理解　*172*

Column 利他行動　*174*

Column 包括適応度　*175*

Column 指差しテスト　*176*

Column 自己意識　*177*

◆さらに知りたい人のために　*178*

第 *10* 章　発達と性格 ———————————————— *179*

1. 寿命と性成熟 ——————————————————— *180*

2. 幼年期 ——————————————————————— *182*
Topics 子殺し／加齢研究　*183*

3. 初期経験 —————————————————————— *184*

4. 養育行動 —————————————————————— *186*
Topics 子ザルの母親への愛着／オキシトシン　*187*

5. 行動の諸側面における発達 ——————————— *188*
（1）運動能力の発達　*188*

（2）学習能力の発達　*188*

（3）認知能力の発達　*188*

（4）社会性の発達　*189*

6. 性格 ——————————————————————————— *190*
（1）個体差と性格　*190*

（2）性格構造　*191*

（3）行動シンドローム　*192*

（4）個体差と遺伝　*192*

Column 行動成績による選択交配　*193*

◆さらに知りたい人のために　*194*

引用文献　*195*

事項索引　*210*

人名索引　*219*

おわりに　*221*

第1章❖動物心理学の枠組

　まえがきで述べたように、動物心理学は他の動物種の心に挑む科学です。動物はどのように感じ、ふるまい、学び、憶え、考え、相手に伝え、相手とかかわり、発達するのか、といったことを動物心理学者は科学的に理解しようと試みています。次章以降では、こうした心の働きを順次取り上げます。

　本章ではそれに先立ち、動物心理学を学ぶ上で必要とされる動物と進化についての知識をまず復習します。動物の心を知るには、そもそも動物とはどういう存在で、どのような過程を経て現在に至ったのかについて、理解しておく必要があるからです。次に、動物心理学のこれまでの歩みを眺めます。動物心理学の研究は、さまざまな思想（動物観・科学観）を持った学者たちによって進められてきました。そうした思想と主要な学者を概ね時系列にそって紹介します。最後に、動物心理学が用いる研究方法について解説します。

チベワ族の酋長たちによる嘆願書に描かれた絵
目をつなぐ線は見ている世界の共通性、心臓をつなぐ線は感情の共有を表しています。動物は北米先住民の部族シンボルで、この絵は複数部族の共同嘆願書であることを本来意味しています。ここでは動物種の心の共通性を表現したイラストとして用いました。

1. 動物

　動物とは、真核生物（細胞の中に細胞核を有する生物）のうち、複数の細胞から構成された多細胞生物で、生涯の少なくとも一時期において自発的・独立的な運動性を持つものをいいます。動物は生物ですから、生命を有し、代謝し（栄養を取り入れて老廃物を排出し）、成長し、自己保存能力（修復能力）を持ち、増殖（繁殖）します。ヒトも動物の一種ですが、ヒトとそれ以外の動物を比較するときや、ヒト以外の動物を意味することが明らかなときには、「動物」という言葉をヒト以外の動物（英語では nonhuman animals あるいは nonhumans）の意味で用います。

　国際自然保護連合によれば2022年時点で動物は1,595,879種、うち脊椎動物74,420種（哺乳類6,596種、鳥類11,188種、爬虫類11,733種、両生類8,536種、魚類36,367種）、無脊椎動物1,521,459種（昆虫1,053,578種、軟体動物113,813種、クモ類110,615種、甲殻類80,122種、その他163,331種）です[2]。

　生物を分類する際、形状や生態など単純でわかりやすい少数の特徴によって便宜的に行うことを**人為分類 artificial classification** といいます。例えば、大型動物と小型動物とか、肉食動物と草食動物とか、陸生動物と水生動物といった分類で、「肉食動物のほうが視力がよい」のように論じられます。

　これに対して、**自然分類 natural classification** では生物の複数の特徴を全体的にとらえます。例えば、クジラは魚と同じ水生動物ですが、魚類ではなく哺乳類として分類されます。水にすむという単純な特徴によるのでなく、胎生で乳で子を育てる点や、心臓の構造が二心房二心室である点、赤血球が無核である点など、複数の特徴が哺乳類の多くと共通するためです。自然分類は、生物の進化的な道筋（系統）にそった類縁的分類である**系統分類 phylogenetic classification** に一致することが期待されています。

　自然分類の基本的単位は**種 species** であり、近縁種をまとめたものを**属 genus** といいます。生物の**学名 scientific name** はラテン語の属名と種小名を組み合わせた**二名法 binomial nomenclature** です。例えば、トラは *Panthera tigris* でヒョウ属のトラという種であることを示しています。なお、学名に対応する日本語（この例では、トラ）を標準和名といいます。

属をまとめたものが**科 family** で、さらに、上位の階級として順に、**目 order**、**綱 class**、**門 phylum**（division）、**界 kingdom** があります。これらの階級にさらに中間的なものを必要とするときは、**上**（super）、**亜**（sub）、**下**（infra）のような接頭語をつけます。例えば、トラは「動物界―左右相称動物亜界―後口動物下界―脊索動物上門―脊椎動物門―哺乳綱―北楔歯亜綱―真獣下綱―食肉目―ネコ亜目―ネコ科―ヒョウ属―トラ」で、ベンガルトラ（*Panthera tigris tigris*）、シベリアトラ（*Panthera tigris altaica*）などの亜種を含みます。なお、「～類」という接尾語は分類の階級に限らず用いられます。例えば、「哺乳類」は「哺乳綱」を意味しますが、「人類」は「ヒト属」をさします。

Topic

生息地と動物の身体差異

恒温動物（哺乳類と鳥類）では、近縁種（あるいは個体群）間での身体の差異に次のような一般的傾向が知られています（すべて、提唱した研究者名がついています）。まず、寒冷地に生息する動物は体格が大きいというベルクマンの法則 **Bergmann's rule** です。例えば、熱帯にすむマレーグマは体重が25〜65 kg、温帯にすむツキノワグマは50〜120 kg、温帯から寒帯にすむヒグマは250〜500 kg、そしてホッキョクグマは400〜600 kg です（すべて成体雄の値）。大型動物のほうが体積に対する表面積の割合が小さいため、寒冷地での体温維持に有利なのでしょう。なお、寒冷地では体からの突出部（顔の耳や口吻、首、四肢、尾など）が短くなるという傾向もあります（**アレンの法則 Allen's rule**）。

高緯度地域にすむ個体群ほど体色が薄いというのが**グロージャーの法則 Gloger's rule** です。ヒトの人種間の肌色の差異がその一例です。高緯度地域では紫外線から肌を防護するよりも、多くの紫外線を吸収してビタミンDの体内生成を促進する必要があるためだと考えられています。

餌の乏しい島では大型動物は矮小化し、小型動物では巨大化するというのが**フォスターの法則 Foster's rule** です。多くの餌を必要とする大型動物では小さな個体の方が生き残りやすいのですが、少量の餌ですむ小型動物では同種間の争いに強い大きな個体の方が繁殖しやすいためだと思われます。

2．進化

　進化 evolution とは生物の形質が世代を経て変化することです。形質（表現型 phenotype）は遺伝子型 genotype の影響を受けるため、進化は遺伝子の世代的変化といえます。行動は動物の形質の1つですし、行動から推察される心も形質だと考えれば、動物心理学は「心の進化」を問う学問だといえます。

　生物の形質には個体差があります。こうした自然に生じる**変異 variation**は進化のきっかけとなります。環境に適した個体は、そうでない個体よりも生存に有利ですから、次の世代を多く残します。これが**自然選択**（自然淘汰）**natural selection** で、自然選択をもたらす環境の力を**選択圧**（淘汰圧）**selective pressure** といいます。自然選択が進化をもたらすためには、こうした生存に有利な形質が**遺伝 heredity**によって子孫に伝えられねばなりません。

　生物は生息する環境に応じて多様に進化します（**適応放散 adaptive radiation**）。進化には一定の規則があります。形質はしばしば一定方向へ続けて変化（**定向進化 orthogenesis**）しますが、クジラのように陸上から再び海に戻った動物もいます。また、形質はしばしば環境に応じて複雑化・大型化しますが、ヘビの足のように不要な形質が単純化・縮小化し、消失することもあります（**退化 degeneration**）。なお、退化は進化の1つの様態であって進化の逆ではありません。

　生物が環境に適応した進化を遂げると、関係する生物もそれに応じて**共進化 coevolution** します。これは定向進化の原因の1つです。定向進化は、捕食者と被捕食者の間の「軍拡競争」の結果として生じるだけでなく、生殖行動をめぐる個体間の相互作用、すなわち**性選択**（性淘汰）**sexual selection** によっても生じます。性選択には、大きく鮮やかな飾り羽を持つ雄を雌が選ぶような雌雄間のものと、同種（多くの場合は雄）の間で異性（多くは雌）をめぐって争う同性内のものがあります。

　作家ルイス・キャロルの『鏡の国のアリス』で、赤の女王は「ここでは同じ場所に留まるためには、走り続けねばならぬ」といいます。動物も進化し続けなければ滅びてしまうのです（**赤の女王仮説 Red Queen hypothesis**）。

　生物は生息条件（場所や時間帯、餌の種類など）が大きく重ならないように

適応します。いいかえれば、**生態的地位 ecological niche**（ニッチ）の分割、つまり**すみわけ segregation** が必要になります。

　種間で形質が似ている場合には、共通の祖先を持つ**相同 homology** 関係か、表面上類似しているが祖先は共通でない**相似 analogy** 関係かを検討する必要があります。トンボの羽とチョウの羽は相同ですが、それらと鳥の羽とは相似です。相似は**収斂進化 convergent evolution** や**平行進化 parallel evolution** によって生じます（図1-1）。

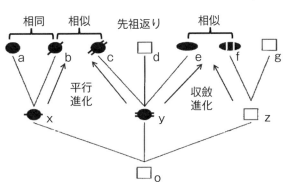

図1-1　分岐の模式図[3]
動物種aとbは共通祖先xと似た形質を持つ相同関係ですが、eはfと似ていても、異なる祖先yとzから収斂進化によって相似関係になったものです。また、bとcは似ていますが、異なる祖先xとyから平行進化した相似関係です。平行進化と収斂進化は祖先種の類似性で区別しますが、祖先種の形質確定は難しく、平行進化と収斂進化はしばしば同じ意味で用いられます。dは祖先oの形質に戻る先祖返りです。

　自然変異だけでなく、遺伝子頻度の変化（**遺伝的浮動 genetic drift**）による**突然変異 mutation** も進化の原動力です。また、ある遺伝子を持っている個体が集団内で多数を占めると、少数派の遺伝子は環境適応力に優れていても次世代に受け継がれにくくなります。特に、自然災害や病気などで生物集団の個体数が激減したときにこうした事例が生じます。このように、個体数の急激な減少による多様性の減少を**びん首効果 bottle-neck effect** といいます。

　陸生動物の個体群が海で隔てられるなど、**地理的隔離 geographical isolation** によって自然交配できなくなると、同種であっても群間の分化が進みます。さらに、生殖行動や生殖器の違いなどが群間で大きくなると（**生殖的隔離 reproductive isolation**）、人為的交配すらできなくなり、別種となります。なお、ライオンとトラや、ロバとウマのように種間で雑種を作ることができる場合もありますが、そうして生まれた雑種は生殖能力を持ちません。

3．動物心理学の歴史

（1）動物心理学の起源

　紀元前4世紀、古代ギリシャの哲学者**アリストテレス**（Aristotle, Aristotélēs）は『**魂について**』で、生物はすべて「心（魂）」を持つとしました。栄養摂取・成長・増殖の能力である「植物の心」、それに感覚と運動の能力が加わった「動物の心」、それにさらに推論の能力（理性）が加わった「人間の心」です。アリストテレスはまた、『**動物誌**』で「馴致性と野生、柔和と激情、勇敢

図1-2　自然の階梯[4]

と臆病、恐怖と大胆、強直と卑劣、知的理解能力を思わせる諸性質」が多くの動物に認められると述べ、さまざまな動物の行動について日常観察をもとに論じています。また、自然界は無生物から植物、動物、そしてヒトにいたる連続体だとの思想を表明しました。この思想は後に**自然の階梯 Scala naturae**と表現されるようになります（図1-2）。

　なお、アリストテレスの時代には「心理学」という言葉はまだありません。心理学 psychology（独語・仏語：psychologie）という言葉は、16世紀にラテン語 psychologia として誕生したようです。[5]動物心理学 animal psychology（独語：Tierpsychologie、仏語：psychologie des animaux, psychologie animale）という言葉はそれからほどなくして使われるようになったと思われます。

（2）機械論

　17世紀前半に活躍したフランスの哲学者**デカルト**（R. Descartes）の『**方法序説**』（1637）は、理論立てて真理を探究するという学問の基本を論じた書です。この本で、デカルトは動物は言語や理性がないため心を持たないと結論しました。また、『**人間論**』（1664）で、ヒトの身体は動物と同じ自動機械だとした一方で、心は身体とは独立に働くという**心身二元論 mind-body dualism**を唱えました。これに対して、18世紀フランスの哲学者**ラ・メトリ**（J. de la Mettrie）

は、『人間機械論』（1747）で、言語と理性は動物にも獲得できると主張し、人間との間に境界線はなく、人間も自動機械に過ぎないと主張しました。

（3）比較心理学の誕生

　18世紀末から19世紀初めにかけて活躍したフランスの比較解剖学者キュビエ（G. Cuvier）の弟子の神経科学者フルーラン（P. Flourens）は1864年に『比較心理学』を出版しました。これが「比較心理学」という言葉の初出とされています[6]。ただし、彼はヒトの心理学と動物心理学の融合としてこの言葉を案出したのであって、必ずしも進化論を背景にしたものではありませんでした。今日、**比較心理学 comparative psychology** は、ヒトを含む様々な動物種の行動を研究し、種間比較を通して、心理現象の共通性と多様性を明らかにする学問とされており、後述するように進化論が重要な役割を果たしています。なお、比較心理学は動物心理学とほぼ同義ですが、大陸欧州や日本では動物心理学、英米では比較心理学と称されがちです。

Topic

植物心理学

　植物の中には刺激に反応して葉や花を動かすものがあり、ダーウィンも数種の植物について研究しています[7]。植物はまた、他の植物に阻害的または促進的に作用する化学物質を放出します（**他感作用 allelopathy**）。これは植物どうしのコミュニケーションといえます[8]。

　植物が学習するかどうかについても研究されてきました。例えば、オジギソウの葉は触れると閉じますが、接触を繰り返すとあまり閉じなくなります[9]。これは馴化という非連合学習（→ p. 82）だといえるかもしれません。いっぽう、連合学習の存在は疑問視されています。例えば、部屋を明るくしてから（あるいは暗くしてから）オジギソウに触るという操作を繰り返すと、部屋の明るさが変わるだけで葉を閉じるようになります[10]。これは古典的条件づけという連合学習（→ p. 84）に似ていますが、疑似条件づけ（→ p. 85）の可能性が排除できていません[11]。エンドウマメで古典的条件づけに成功したという最近の報告にも同じ欠陥があります[12]。

（4）進化論

　フランスの博物学者ラマルク（J-B.Lamarck）は1809年に『**動物哲学**』で、経験によって獲得された形質が遺伝することで動物は進化するという学説を発表しました。いっぽう、前項で紹介したキュビエは生命の歴史を天変地異による生物相の入れ替えとみなす**天変地異説 catastrophism** を唱えて、生物種が進化するという考えに反対しました。しかし、1858年には、イギリスの博物学者**ダーウィン**（C. Darwin）と**ウォレス**（A. R. Wallace）が、自然選択（→ p.4）による種の進化という概念を同時発表します。なお、『**心理学原論**』（1855）で心の進化を論じていたイギリスの哲学者**スペンサー**（H. Spencer）は、自然選択説が人間社会にも当てはまることに気づき、『**生物学原理**』（1864）で**適者生存 survival of the fittest** という言葉を用いています。

（5）比較心理学と動物の知能

　ダーウィンは1859年に出版した『**種の起源**』で、ヒトおよびその心理的能力も進化の産物であることを示唆していましたが、1871年にはこの点を強調した『**人間の進化と性淘汰**』を著しました。さらに翌年『**人と動物の表情について**』を出版して、ヒトとイヌ・ネコ・チンパンジーなどの顔や身体の表情を比較記述し、共通性を指摘しています。

　ダーウィンの進化論は、動物は理性（推論能力）を欠くとしたアリストテレス以来の動物観の見直しにつながりました。「科学的心理学の父」と称されるドイツの**ヴント**（W. Wundt）は1863～64年に『**人間と動物の心についての講義**』を出版しています。また、ダーウィンの若き友人ロマーニズ（G. J. Romanes）は進化的視点でなされる動物心理学研究を比較心理学と呼び、原生生物から類人猿に至るまでさまざまな動物の観察記録や逸話を収集した『**動物の知能**』を1882年に出版しました。彼は続けて心的機能の進化を明確に論じた著作『**動物の心の進化**』を1884年に上梓しました。

　イギリスの心理学者**モーガン**（C. L. Morgan）は動物心理学研究の先駆者としてロマーニズに敬意を示しつつも、彼の逸話解釈が過度に擬人化されていると批判し、『**比較心理学入門**』（1894）に、「心理学的尺度において低次の

能力によるものとして解釈できる場合は、高次の心的能力が作用したものとして解釈してはならない」という戒め（**モーガンの公準 Morgan's canon**）を記しています。なお、モーガンはこの本の中で、愛犬が門の掛け金を外すことを試行錯誤で学習したようすを観察記録しています。

（6）反射と向性

　刺激に対する反応を**反射 reflex** という概念で捉えたのは機械論を唱えたデカルトだとするのが従来の学説でした。しかし、最近では17世紀後半に活躍したイギリスの解剖学者ウィリス（T. Willis）をこの概念の発案者だとする見解[13]が有力なようです。その後、18世紀末にイタリアの**ガルバーニ**（L.Galvani）がカエルの筋肉運動が電気刺激で引き起こされることを発見し、19世紀半ばにドイツの**ヘルムホルツ**（H. L. F. von Helmholtz）がカエルの神経伝導速度を測定するなど、反射の生理的しくみが徐々に解明されました。

　反射には、生得的なもの（**無条件反射 unconditioned reflex**）と習得的なもの（**条件反射 conditioned reflex**）があることを19世紀末に発見したのがロシアの生理学者**パヴロフ**（I. P. Pavlov）です。この発見は、その約200年前にイギリスの哲学者ロック（J. Locke）が『人間知性論（第4版）』（1700）で最初に記した、観念 idea（イメージ）間の連合という考え（**連合主義 associationism**）に科学的基礎を与えました。パヴロフは主として唾液腺などの分泌反射を用いて条件反射研究を行いましたが、同じロシアの**ベヒテレフ**（V. M. Bekhterev）は、電気刺激に対する防御的運動反射で条件反射を調べています。

　反射と同様に単純な行動とされているものに、刺激に対する全身移動反応である**向性 tropism**（→ p.77）があります。19世紀末から20世紀初めにかけてドイツとアメリカで活躍した生理学者**ロエブ**（J. Loeb）は、向性を刺激に対する単純反応として機械論的にとらえました。いっぽう、アメリカの生理学者**ジェニングズ**（H. S. Jennings）は原生生物でさえ能動的に活動しているのであって、刺激を待って活動を開始しているわけではないと指摘し、行動の理解には動物が現在おかれた状況を考慮すべきだと論じました。

（7）ソーンダイク

アメリカの心理学者**ソーンダイク**（E. L. Thorndike）は空腹の仔ネコを**問題箱 puzzle box**（図1-3）に閉じ込めて脱出までの時間を測定しました。装置内のひもやペダルなどを操作すれば、装置の扉が開き、脱出して餌の小魚を食べることができるしかけです。この試行を繰り返すと、脱出時間は次第に短くなりました（図1-4）。イヌやヒヨコを被験体にした場合も同じでした。彼は、これを問題箱状況と脱出反応の連合が形成された結果だと考え、博士論文「動物の知能―動物における連合過程の実験的研究―」として1898年に発表しました。進化論に由来する動物の知能研究と連合主義が科学的方法論によって合流したわけです。ソーンダイクはオマキザルの実験を博士論文に加えた『動物の知能―実験的諸研究―』（1911）を出版し、その中で、満足（快）を伴う反応は状況との結合が強まり、不満足（不快）を伴う反応は状況との結合が弱まるという**効果の法則 law of effect**を提唱しました。

ソーンダイクの実験に影響を受けて、アメリカの若い心理学者らが動物学習の実験的研究を開始しました。**スモール**（W. S. Small）はラットの学習に関する博士論文を2部に分けて、1900年と1901年に心理学誌で発表しました。これは心理学でラットが用いられた最初の実験研究で、1901年の論文では**迷路 maze**を実験装置として使用しています。**ワトソン**（J. B. Watson）もラットを使った問題箱や迷路での学習実験と神経系の発達を博士論文にまとめ、『動物の教育』として1903年に出版しました。

図1-3　ソーンダイクが用いたさまざまな問題箱のうちの1つ[14]

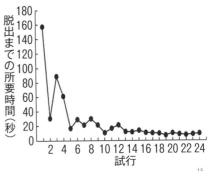

図1-4　1匹のネコの問題箱からの脱出時間[15]

賢馬ハンス（クレバー・ハンス）

　20世紀初頭のベルリンに計算ができる馬ハンスが現れ、世界的な話題となりました。ハンスは前足で地面を叩いて、0から100までの数を数え、加減乗除の四則演算も披露しました。例えば、「3 + 4」という問題なら、7回地面を叩いて答えます。分数を小数に（または小数を分数に）変換し、ドイツ語を読み、文字盤を使って単語を綴りました。1年分のカレンダーの曜日を記憶し、協和音と不協和音を区別し、時計の針を読み、硬貨の種類を正しく答え、ヒトの顔も憶えられました。すべて、地面を叩いて回答します。

　この馬を訓練した元学校教師**フォン＝オステン**（W. von Osten）は意図的なトリックをしていませんでした。しかし、心理学者**プフングスト**（O. Pfungst）が謎を解きました[16]。ハンスは答えを知っている人々が無意識に行う微細な動き（頭を数ミリ動かす）に反応しているだけでした。微細な動きを読み取る動体視力と、それに応じて地面を叩くのをやめることを憶えた学習能力は驚きですが、上述の諸能力よりは「心理学的尺度において低次の能力」でしょう。

　周囲の人間による非意図的な手がかりに動物が反応した結果、知的行動であるかのように見えてしまう**クレバー・ハンス効果 Clever Hans effect** を避けるためには、対象となる動物以外は問題を知らない条件下でテストする必要があります（**ブラインドテスト blind test**）。

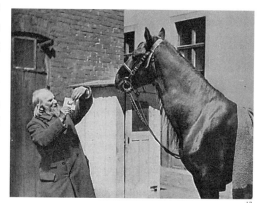

図1-6　ハンスに文字カードを見せるフォン＝オステン[17]

研究者の存在や意図が観察結果に影響を及ぼすことを**観察者効果 observer effect**（実験の場合は**実験者効果 experimenter effect**）といい、クレバー・ハンス効果はその一種です。

（8）行動主義と新行動主義

　ラットを用いた学習実験から心理学研究を開始したワトソンは、心理学を意識の科学とする当時の考えに同意できず、心理学を「行動の予測と制御」のための実験科学だとする**行動主義 behaviorism** を1913年に提唱します[18]。彼によれば、行動主義は「動物の反応の統一的枠組を得ることに力を注ぎ、人間と獣の間には境界線がないとみなす」ものでした。なお、ワトソンは翌1914年に動物の本能・習慣形成（学習）・感覚について解説した教科書『行動―比較心理学入門―』を著しています。

　ワトソンは米国心理学会会長就任記念講演で、心理学は条件反射の方法論を採用して、刺激に対する反応の習慣形成を研究すべきだと主張しました[19]。彼は動物の行動を微視的かつ機械的に捉え、心理学を生理学に還元しようとしましたが、その後の心理学者は行動を巨視的かつ力動的なものと考え、より大きな水準で理論構築しようとしました。これら新世代の心理学者の思想を**新行動主義 neo-behaviorism** といいます。

　条件反射・問題箱学習・迷路学習はすべて、所定の手続き条件下で形成され喚起される反応の学習ですから、**条件づけ conditioning** と総称されるようになりました。条件づけによる習慣形成、すなわち学習はどの動物種にも当てはまる法則だとみなされたため、入手も飼育も容易で安価な実験用ラットでの学習研究が新行動主義者らの中心テーマになりました。**トールマン**（E. C. Tolman）は、ラットの迷路学習をもとに『動物と人間における目的的行動』（1932）を上梓し、動物は「手段と目的」の関係を学習すると主張しました。また、**ハル**（C. L. Hull）は、ラットの迷路学習成績を中心に学習の数理モデルを『行動の原理』（1943）や『行動の体系』（1952）で発表しました。

　いっぽう**スキナー**（B. F. Skinner）は『有機体の行動』（1938）において、行動を、刺激により誘発される**レスポンデント respondent** 行動と、動物が自発的に行う**オペラント operant** 行動の2種類に分け、前者に関わる条件反射のような学習を**レスポンデント条件づけ respondent conditioning**、後者に関わる効果の法則のような学習を**オペラント条件づけ operant conditioning** と呼びました。特にオペラント条件づけが重要だとして、動物がいつでも自由

に反応して餌を得ることができる装置
（スキナー箱 Skinner box）を用いて、ラット（のちハト）のオペラント条件づけ研究に専心しました（図1-5）。なお、スキナー派の心理学者による、ヒトを含む動物の行動の基礎研究を**実験的行動分析 experimental analysis of behavior**といいます。

　行動主義と新行動主義の心理学者が学習のしくみを解明するために開発した装置や訓練技法は、動物の感覚・知覚、動機づけ、記憶、推論などの研究にも用いられるようになりました。

図1-5　ラットのレバー押し反応を訓練するスキナー[20]

Topic

スナークはブージャムか？

　心理学者ビーチ（F. A. Beach）は、1911〜48年にアメリカの比較心理学分野の主要誌に掲載された論文を調べています。この間、論文数が倍増したにもかかわらず、研究対象の動物種数が大きく減少して約6割が実験用ラットを用いたものになってしまったこと、また学習研究が論文の過半数を占めるようになったことにビーチは強い懸念を示しました[21]。

　ビーチは比較心理学者を、作家ルイス・キャロルのナンセンス長編詩『スナーク狩り』に登場する探索隊になぞらえました。探索隊は謎の生物「スナーク」を求めてある島に渡ります。スナークには様々な種類がいますが、「ブージャム」だけは避けねばなりません。目撃した人は死んでしまうからです。ビーチは、「動物行動」というスナークを探す比較心理学者たちが見つけたものは「ラット」というブージャムだったのではないかと論じています。ビーチが指摘した傾向は1970年代初めまで続きましたが[22]、今日では再びさまざまな動物種が比較心理学（動物心理学）の研究対象となっています。

（9）類人猿研究

「心」を要素の集合ではなく、全体的形態（ゲシュタルト Gestalt）として捉えるゲシュタルト心理学 Gestalt psychology はドイツで誕生しました。創始者のひとりであるケーラー（W. Köhler）は第 1 次世界大戦中、アフリカ北西の沖に浮かぶテネリフェ島にある類人猿研究所で、チンパンジーに各種の問題解決テストを行い、チンパンジーは試行錯誤ではなく、状況全体を見通す洞察によって学習すると結論しました（→ p. 138）。その成果は『類人猿の知恵試験』（1917）として発表されています。

アメリカではヤーキズ（R. M. Yerkes）が、無脊椎動物から類人猿まで多種にわたる動物を研究し、北米初の専門誌として『動物行動雑誌 Journal of Animal Behavior』を1911年に創刊しました。なお、同誌は1921年に『心理生物学誌 Psychobiology』と合併して『比較心理学雑誌 Journal of Comparative Psychology』となり、さらに1947年に『比較・生理心理学雑誌 Journal of Comparative and Physiological Psychology』に改称後、1983年からは神経生理系部門を『行動神経科学 Behavioral Neuroscience』として分離して、再び元の『比較心理学雑誌』に戻っています。

ヤーキズはケーラーとほぼ同時期に、類似の研究をアカゲザル・カニクイザル・オランウータンで行っています[23]。さらに、類人猿研究を行うための霊長類研究所の設立を広く呼びかけました[24]。1930年に設立されたイエール大学霊長類研究所（フロリダ州オレンジパーク）は、彼の退職時（1941年）にその名を冠したヤーキズ霊長類研究所になりました。この研究所はその後、エモリー大学に移管され、現在はジョージア州アトランタにありますが、世界の霊長類研究の中心地の 1 つとなっています。

（10）動物行動学とその影響

北米の研究者の主な関心は経験による行動変容（学習）にあり、行動の一般原理の解明を大きな目標にしていました。このため、心理学者がラットや霊長類の習得的行動を室内で実験していました。いっぽう、欧州の研究者は進化や発達に強い興味を持ち、遺伝的に規定された生得的行動と種間の多様

性を重視しました。このため、動物学者が昆虫や鳥類の生得的行動を野外で観察していました。こうした動物行動研究を**動物行動学 ethology** といいます。

　動物行動学の学問的地位が確立したのは1973年に動物行動学を代表する 3 名にノーベル生理学医学賞が与えられてからです。オーストリア生まれの**ローレンツ**（K. Lorenz）は『ソロモンの指環』(1949) や『人イヌにあう』(1950)、『攻撃―悪の自然誌―』(1963) などの著作で動物行動学の知見を広めました。オーストリアの**フォン＝フリッシュ**（K. von Frisch）は、『ミツバチの生活から』(1927) や『ミツバチの不思議』(1950) などの著作で、大衆に知られるようになりました。オランダの**ティンバーゲン**（N. Tinbergen）は、『本能の研究』(1951) を著し、本能的行動を引き起こすしくみを解説しました。

　同書中でティンバーゲンは、動物行動を理解する際の 4 つの視点について述べています（**ティンバーゲンの 4 つの問い（なぜ）Tinbergen's four questions (whys)**）。その行動が、（ 1 ）どのようなメカニズムで喚起されるのか、（ 2 ）どのように発達するのか、（ 3 ）どのような進化によって生じたのか、（ 4 ）どのような機能（意味）を持っているのか、です。（ 1 ）と（ 2 ）は行動がどのように生じるか（至近要因）であり、（ 3 ）と（ 4 ）は行動の理由（究極要因）です。例えば、求愛行動は、（ 1 ）発情期にホルモン分泌がなされるため、（ 2 ）性成熟したため、（ 3 ）それを行った個体が配偶相手を得て子孫を残したため、（ 4 ）遺伝子を次世代に伝えるため、といった説明ができます。1980年代以降は、至近要因を扱う**神経行動学 neuroethology** と究極要因を扱う**行動生態学 behavioral ecology**（**社会生物学 sociobiology**）として研究されています。

　動物行動学の視点は、動物学習研究にも大きな影響を与えました。スキナーの弟子で動物芸を披露する会社を経営していた**ブレランド夫妻**（K. Breland & M. Breland）は、いちど訓練した行動が本能的行動に近づいていき（**本能的逸脱 instinctive drift**）、芸として成立しなくなった諸事例を1961年に報告しています。[25] 同じ頃**ガルシア**（J. Garcia）は、嫌悪対象となる刺激の種類と不快処置の種類の組み合わせによって学習のしやすさが異なることをラットの実験研究で明らかにしました。[26] 1970年には**ボゥルズ**（R. C. Bolles）が、実験室で

のラットの回避学習（→ p. 87）の容易さは、回避行動が**種に特有な防衛反応 species-specific defense reactions** に合致しているかどうかに依存するという論文を発表しました。[27] 学習心理学者セリグマン（M. E. P. Seligman）が編集した『学習の生物的境界』（1972）や動物行動学者ハインド（R. Hinde）が編集した『学習の制約』（1973）によって、「動物の学習は生物的制約の中で生じるもので、学習の一般法則には限界がある」との考えが浸透していきました。

Topics

動物訓練

　動物が望ましい行動（**標的行動 target behavior**）を行ってから訓練者が報酬を与えるまでには時間的なずれが生じます。そこでブレランド夫妻は、標的行動と報酬をつなぐ刺激として、笛や金属板で短く音を鳴らすようにしました。イルカトレーナーとしてこの技法を学んだプライアー（K. Pryor）はイヌの訓練法としてこれを**クリッカートレーニング clicker training** の名で普及させました。[28] クリッカートレーニングを含む正の強化技法（→ p. 87）の適用は、家庭動物のしつけ訓練やイルカショーなどの動物芸に留まりません。動物園や水族館では、採血・検温・削蹄（さくてい）・身体検査などのために、おとなしく受診する動作を訓練する**ハズバンダリートレーニング husbandry training** が行われています。[29] 軍用犬や警察犬の訓練も正の強化技法が標準的手続きです。アフリカではオニネズミに嗅覚による地雷探知[32]やヒト血液中の結核菌検出[33]を行わせていますが、その訓練も正の強化技法によります。

進化心理学

　動物心理学の関連領域である**進化心理学 evolutionary psychology** は、ヒトのさまざまな行動を、行動生態学や進化生物学の知見を参考にして理解しようとする学問分野で、心理学者コスミデス（L. Cosmides）と人類学者トゥービー（J. Tooby）らが1990年代初めに創始しました。進化心理学は、ヒトの心を農耕牧畜開始以前の自然に対する適応の産物だと考えます。また哲学者フォーダー（J. A. Fodor）にならって、心は認識や推論などを司るいくつかの**機能モジュール module** から構成されていると仮定しています。

（11）動物心理学における認知革命

ヒトを対象とした心理学では1960年代に認知過程が研究テーマとして再び前面に現れるようになり（心の復権）、そうした心理学は**認知心理学cognitive psychology** と呼ばれるようになっていました[34]。コウモリの反響定位（→ p. 48）の研究をしていた**グリフィン**（D. R. Griffin）は動物行動の研究においても行動主義には限界があると感じ、動物もイメージなどの「心的体験」を持つと主張する『動物の意識の探究』（1976）を著しました。彼は、行動だけでなく、意識についても研究対象とする**認知動物行動学cognitive ethology** を提唱しましたが[35]、「心的体験」や「意識」の定義が曖昧で、動物行動の解釈が主観的で擬人的であったため、多くの批判を浴びました。

しかし、実験室で動物の行動を研究していた心理学者の間でも、動物の認知的活動への関心が高まりつつありました。スキナーの孫弟子である**ホーニック**（W. K. Honig）や**メディン**（D. L. Medin）は動物の記憶に関するシンポジウムを主催し、それを編集して『動物の記憶』（1971）、『動物の記憶過程』（1976）を出版しています。ホーニックはその後、『動物行動における認知過程』（1978）も編集していますが、同書は記憶だけでなく、選択的注意や時間知覚、場所学習、そして行動主義が最も得意とする条件づけについても認知的視点から行った実験研究を収録したもので、**ワッサーマン**（E. A. Wasserman）はこの本に収録されている諸研究を**認知動物心理学cognitive animal psychology** と総称しました[36]。1984年には50名の著者が執筆した34章からなる分厚い専門書『動物認知』が上梓されています。複数の教科書が出版され、1998年には専門学術誌『動物認知 *Animal Cognition*』が発刊されるに至ります。ワッサーマンは、こうした研究をダーウィンに始まる知性の進化研究の流れにあるとして、**比較認知科学comparative cognition** と呼んでいます[37]。2006年に出版された専門書『比較認知』では、まず比較心理学を、ヒトと動物の行動の類似性と相違性を研究する学問として定義し、その下位分野として、認知過程を研究する比較認知科学が位置づけられています[38]。

4．動物心理学の研究方法

　動物心理学では、感覚器や効果器（筋肉や腺など）の形態的・解剖的観察、中枢神経系や内分泌（ホルモン）系の活動測定などを行う場合もありますが、主たる研究方法は行動の科学的観察です。行動観察には、研究対象となる個体や集団を自然（あるいは日常）の環境下でそのまま研究する**自然観察 natural observation**、いくつかの条件を人為的に統制した状況で行う**統制観察 controlled observation**、研究者が対象に積極的に関わり相互作用しながら行う**参加（参与）観察 participant observation** があります。例えば、野生ニホンザルの行動を研究する場合、ニホンザルに気づかれないようにまったく自然な状況下で観察することもあれば、一ヶ所に餌をまとめて置いてその餌場にやってきたニホンザルを観察することもあります。また、研究者自らニホンザルに直接に関わって、その反応を観察することもあります。なお、野生での動物観察では、1匹の個体を長時間にわたって追跡しながら記録する**個体追跡法 single-individual trailing method** がしばしば用いられます。近年、動物の体に小型のカメラや、加速度計などのセンサ、GPS などの記録機器（データロガー）を装着して、そのデータから動物行動を解明しようとする**バイオロギング bio-logging** が注目されており、長距離を移動する動物や、研究者が容易に近づけない環境（上空や水中など）での行動が明らかにされつつあります[39]。

　科学的な観察は対象とする行動をあらかじめ決めて行うのが一般的ですが、日常生活でも動物の興味深い行動を目撃することがあります。そうした**逸話的記録 anecdotal record** は、科学的観察においても予想外の行動が生じた場合には重要なデータとなり、新しい発見にもつながるかもしれません。しかし、逸話によって得られたデータには、見間違いや記憶の歪み、主観的解釈などが混入しやすく、その事例が他に一般化できるか、それとも特殊例として扱うべきか慎重な検討が必要です。

　条件統制をさらに進め、研究対象ではない要因（**剰余変数 extraneous variables**）を排除し、行動に影響すると考えられる要因（**独立変数 independent variable**）だけを操作して、その効果（**従属変数 dependent variable**）を測定す

ることを**実験的観察 experimental observation** といいます。心理学では通常こ
れを単に「実験」と呼びます。例えば、余計な音のない部屋で周波数1000Hz
音を50dB の大きさで流して（独立変数）、イヌがその音に反応するかどうか
（従属変数）を確認すれば、イヌがこの音を聞き取れるか確認できます。独
立変数と従属変数の間に**仲介変数**（媒介変数 intervening variable）を仮定する
ことがあり、「心 mind」はその1つです。

　実験は行う場所によって**野外実験 field experiment** と**研究室実験
laboratory experiment** に分けられます。研究室実験では、独立変数を確実に
操作し、剰余変数の影響を最小限にできますが、人為的・人工的状況での観
察となるため、動物の自然な行動から乖離（かいり）してしまう危険性があります。つ
まり、**生態的妥当性 ecological validity** のない研究になりがちです。

　動物心理学では、野生動物と飼育動物（実験動物、家庭動物［ペット、近年
ではコンパニオンアニマルとも呼ばれます］、展示動物、産業動物）を研究対象
にします。なお、動物園や水族館で飼育される展示動物の多くは野生由来で
すが、それ以外の飼育動物は人間が利用するために**選択交配 selective
breeding** により品種改良（人為選択）した家畜です。

　動物実験では、（1）代替法の使用（replacement）、（2）使用動物数の削減
（reduction）、（3）実験改善（refinement）による苦痛軽減、という**3Rの原理**[40]
の順守が求められます。この原理は1999年にイタリアのボローニャで開催さ
れた世界会議をきっかけに各国に広まり、日本でも2006年の文部科学省告示
「研究機関等における動物実験等の実施に関する基本指針」に明記されまし
た。研究にあたっては、同年の環境省告示「実験動物の飼養及び保管並びに
苦痛の軽減に関する基準」や日本学術会議「動物実験の適正な実施に向けた
ガイドライン」などにしたがい、機関内の動物実験委員会で事前に研究計画
の承認を受け、事後に報告書を提出する必要があります。

　なお、飼育動物全般に対する取扱いとして、英国農用動物福祉審議会が提
唱した「飢えと渇きからの自由」「不快からの自由」「痛み・傷害・病気から
の自由」「正常な行動を表出する自由」「恐怖と苦悩からの自由」という**5つ
の自由 five freedoms** に配慮した**動物福祉 animal welfare** が重んじられます。[41]

◆さらに知りたい人のために

○中島定彦『動物心理学—心の射影と発見』昭和堂　2019

○日本動物心理学会（監）『動物心理学入門—動物行動研究から探るヒトのこころの世界』有斐閣　2023

○日本動物心理学会（監）『動物たちは何を考えている？—動物心理学の挑戦』技術評論社　2015

○岡西政典『生物を分けると世界がわかる』講談社ブルーバックス　2022

○藤田敏彦『動物の系統分類と進化』裳華房　2010

○ジンマー＆エムレン『カラー図解 進化の教科書』講談社ブルーバックス　2016

○長谷川眞理子ほか『行動・生態の進化』岩波書店　2006

○宮竹貴久『恋するオスが進化する』メディアファクトリー新書　2011

○エムレン『動物たちの武器—戦いは進化する』エクスナレッジ　2015

○ボークス『動物心理学史—ダーウィンから行動主義まで』誠信書房　1990

○パピーニ『パピーニの比較心理学—行動の発達と進化』北大路書房　2005

○ハインド『エソロジー—動物行動学の本質と関連領域』紀伊國屋書店　1989

○長谷川真理子『生き物をめぐる4つの「なぜ」』集英社新書　2002

○カートライト『進化心理学入門』新曜社　2005

○ピアース『動物の認知学習心理学』北大路書房　1990

○ヴォークレール『動物のこころを探る—かれらはどのように〈考える〉か』新曜社　1999

○渡辺茂『認知の起源をさぐる』岩波科学ライブラリー　1995

○渡辺茂『あなたの中の動物たち—ようこそ比較認知科学の世界へ』教育評論社　2020

○渡辺茂『動物に「心」は必要か［増補改訂版］—擬人主義に立ち向かう』東京大学出版会　2023

○藤田和生『比較認知科学への招待—こころの進化学』ナカニシヤ出版　1998

○藤田和生（編）『比較認知科学』放送大学教育振興会　2017

○藤田和生『動物たちのゆたかな心』京都大学学術出版会　2007

○川合伸幸『心の輪郭—比較認知科学から見た知性の進化』北大路書房　2006

○ドーキンス『動物行動の観察入門—計画から解析まで』白揚社　2015

○井上英治ほか『野生動物の行動観察法—実践 日本の哺乳類学』東京大学出版会　2013

○日本バイオロギング研究会（編）『バイオロギング—最新科学で解明する動物生態学』京都通信社　2009

○日本バイオロギング研究会（編）『バイオロギング〈2〉—動物たちの知られざる世界を探る』京都通信社　2016

○新村毅（編）『動物福祉学』昭和堂　2022

　動物は天敵を察知して隠れ、縄張りに侵入したライバルを発見して追い払い、餌を探し出して食べ、異性を見つけて求愛し、幼少個体の発する救難音声を聞いて駆け寄り、自分の身体内部の不調を感知して適切な行動をとります。これらはすべて感覚・知覚能力と運動能力がともにあって可能になります。

　動物を動き感じる生き物だとした**アリストテレス**（→ p. 6）は、感じるとは影響を受けることだと述べています。一般に心理学では、刺激に対して**受容器 receptor** が興奮し、神経を介して中枢にいたり意識化されたものを**感覚 sensation** と呼び、それに刺激の質など複雑な情報が加味されたものや複数の感覚が統合されたものを**知覚 perception** といいます。さらに、経験や知識の影響、あるいは感情の付与があるものが**認知 cognition** と呼ばれます。例えば、リンゴを見て「赤い」とか「丸い」という意識が感覚で、赤さの程度や表面の凹凸の具合を含めた総合的な対象判断が知覚、「うまそうな紅玉だ」となると認知になります。

　しかし、ヒト以外の動物は言語を持たないため、刺激を意識したかどうか確認が難しく、そもそも動物に意識があるかもわかりません。また、クラゲなどの腔腸動物には中枢神経系（集中神経系）がなく、海綿動物は神経系そのものを持ちません。したがって、上述の「神経を介して中枢にいたり」という記述を動物全般に当てはめることができません。このため、単に「刺激に対する反応」として感覚や知覚を定義せざるを得ません。なお、「刺激を与えて反応があれば、感覚・知覚したものとみなす」のように、手続きとその結果によって概念を規定することを**操作的定義 operational definition** といいます。

　ただし、知覚を刺激反応性として定義すると、植物にも知覚を認めることになってしまいます。そこで、哲学者**デネット**（D. C. Dennett）は、知覚には単なる刺激—反応関係以上のものが含まれるとし、それを「未確定要素 x」と呼びましたが、それが何であるかは明示困難だとしています。

1．環世界

　生物学者**ユクスキュル**（J. J. von Uexküll）によれば、われわれヒトを含む動物は物理的な環境ではなく、主観的な**環世界 Umwelt** の住人です[2]。例えば、ハエは眼の解像度が低いため、眼前のクモの巣を認識できません。ハエの環世界ではクモの巣は視覚的に存在しないといえます。また、カタツムリの目の前に棒を突き出すとそれに登ろうとします。棒を1秒に3回以下のペースで前後につき動かすと登ろうとはしませんが、1秒に4回以上になるとまた登ろうとします。カタツムリの環世界では高速で動く物体は止まって見えているのです（ヒトの場合も1秒に60〜50回以上になれば静止して見えます）。

　なお、ユクスキュルのいう環世界は単なる知覚世界ではなく、作用世界をも含む統一体です。例えば、空腹のヤドカリは出会ったイソギンチャクを食べますが、満腹のときは自分の入っている殻にイソギンチャクを植えつけます。同じ知覚（イソギンチャク）でも、餌として認識したり、捕食者から身を守ってくれる鎧として認識したりするわけです。作用世界が違うため、空腹のヤドカリと満腹のヤドカリは異なる環世界にいることになります。

　われわれヒトの感覚にはそれぞれ適した物理的刺激（**適刺激 adequate stimulus**）と専用の受容器（**感覚器 sensory organ**）があります。ヒトは、光（電磁波の一種）を眼で、音（空気や水の振動）を耳で、水溶性化学物質を口中（特に舌）で、空気中の揮発性化学物質を鼻腔で、機械的圧力を皮膚で、筋・腱・関節などの緊張変化を各部位で、重力加速度を内耳の三半規管で、内臓諸器官の状態変化を各内臓器官で検出します。

　しかし、ヒトの感覚・知覚に関するこうした知見を動物にそのまま当てはめ、**感覚の質（クオリア qualia）** を把握するのは容易ではありません。ユクスキュルのあげたハエやカタツムリの例は、感覚器の感度がヒトと大きく異なる動物種の感覚をわれわれが理解することの難しさを示していますが、ヒトと感覚器自体が異なる動物種ではいっそう困難です。例えば、全身で光を感じる動物種にとっての光は、ヒトにとっての視覚よりも、夏の日差しを浴びた肌の感覚に近いものかもしれません。さらに、ヒトにない感覚器官を持つ動物の環世界は、どうイメージすればよいかもわかりません。

2．感覚・知覚研究の方法

（1）解剖的・生理的方法

感覚器や感覚神経の数や構造、あるいはその活動を解剖学や生理学などの技術を用いて調べることで、感覚の存在やその鋭さ（感度）を確認できます。例えば、網膜の視細胞の数が多ければ精確な視覚が期待でき、その密度などから理論上の視力を計算することも可能です。異なる光の波長を吸収する光受容蛋白質が視細胞にあれば、色覚の存在を示唆していますし、音刺激に応じて脳の聴覚野の神経活動が大きくなれば、音が聞こえたのでしょう。

感覚の初期過程を明らかにする際には受容器や感覚神経を動物から取り出して調べる**生体外検査 in vitro test** もできますが、より処理の進んだ感覚や知覚となると摘出処置をしない**生体内検査 in vivo test** が必須になります。

（2）行動的方法

刺激に対する定位・驚愕反射や、刺激への接近（選好・攻撃）、刺激からの逃避など、刺激に関して生得的な行動が観察できれば、その動物は当該の刺激を感知しているといえます。習得的な行動で確認することもできます。例えば、刺激が呈示されたときにだけレバー押し反応をすれば餌をもらえるという刺激弁別訓練（→ p. 88）の結果、刺激の有無によって反応頻度が異なるようになれば、動物はその刺激を感知しているといえます。

このように、刺激と行動の関係から感覚・知覚を体系的に細かく調べることを**動物心理物理学 animal psychophysics** といいます[3]。これは、ヒトの心理物理学（精神物理学）の方法論を条件づけ技術と融合させたもので、**ブラウ**（D. S. Blough）によるハトの視覚の暗順応曲線の研究[4]を端緒として、さまざまな手法が開発されています[5]。

解剖的・生理的方法によって得られた感度は構造・生理機能面からの理論値（かくあるべき値）ですが、行動的方法で得られた感度は実際に動物がその値の刺激を手がかりとして適応的に反応していることを意味しています。ただし、行動訓練やテストの方法によっては、実力を十分に発揮できず、解剖的・生理的方法で求めた感度よりも悪い値となります。

3．視覚

（1）光受容器の進化と構造

視覚 vision（visual sense）の適刺激は電磁波の一種である光です。全動物のうち95％以上の種に視覚があるとされています。[6]視覚に特化した感覚器官（視覚器）のうち最も原始的なものはミミズなどに見られる**散在性視覚器**で、視細胞が体表面に散らばって存在します。視細胞がより凝集したものが**眼点 pigment spot**で、クラゲなどに見られます。散在性視覚器や眼点の多くは外界の明暗情報しか得られませんが、ホタテガイの眼点（「ひも」部分にある多数の黒い粒）にはレンズや鏡面体が備わっていて、形を捉えることが可能です。視細胞が集まって陥没したものが**杯状眼 cup eye**で、凹型構造のため光の入射角から光源の方向を感知できます（例：カサガイ）。杯状眼の入り口が狭くすぼまり小さな穴だけが残ったものが**窩状眼 pinhole eye**で、ピンホールカメラの原理で焦点に像を結びます（例：アワビやオウムガイ）。よりはっきりした投影像は穴の部分にレンズを置いて光を屈折させた**レンズ眼（水晶体眼）lens eye**によって可能となります。なお、このとき穴の部分は瞳孔と呼ばれます。無脊椎動物では、最も精緻なレンズ眼はイカやタコのものです。

無脊椎動物のうち節足動物では、頭部左右に**複眼 compound eye**を持つ種が多くいます。複眼は棒状のユニット（**個眼 ommatidium**）の高密度集合体で、複眼１つあたりの個眼の数は約20個（ワラジムシ）～２万数千個（トンボ）です。複眼の個眼が１画素に対応し、脳で統一されて１つの風景として知覚されます。複眼の解像度はレンズ眼に比べて悪く、

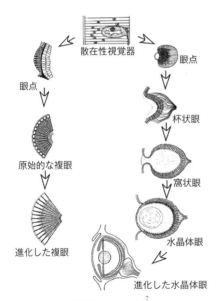

散在性視覚器

眼点

眼点

原始的な複眼

進化した複眼

杯状眼

窩状眼

水晶体眼

進化した水晶体眼

図２-１　無脊椎動物の眼の進化[7]

ヒトの視力を複眼で得ようとすれば直径１メートルの大目玉の怪物になります[8]。しかし、複眼は対象の素早い動きを検知する能力に優れており、半球状のため広い視野が得られます。図２−１は無脊椎動物の単眼と複眼の進化の道筋です。

　ハチ・ハエ・セミ・トンボ・バッタなどは左右の複眼のほか額に偏光（光の振動の偏り）を感じる**単眼 ocellus** を３つ持ち、空がすべて厚い雲に覆われていない限り、偏光から太陽の位置を把握できます。なお、偏光は複眼でも感知しています。節足動物の一部では複眼が退化して単眼となっており、その数はクモで０〜８個、サソリで０〜10個、ダニで０〜４個です（種により異なります）。節足動物では頭部以外にも光受容器を持つものも少なくありません。例えば、アゲハチョウは尾の先に４つの光受容器を持ち、雄は交尾器の結合、雌は産卵管の突出しを確認するために用いています[9]。

　脊椎動物は、眼を退化させた一部の種を除き、ほぼすべての種が頭部に両眼を持ちます。この両眼はレンズ眼ですが、その起源は無脊椎動物のそれとは異なり、背中の皮膚にある散在性視覚器の細胞が神経系に取り込まれる形で進化したものです。表皮に接した部分から神経が反り返るように広がって網膜が形成されたため、視細胞は奥側に向いた形になり、眼底に視神経の束の出口があって、そこは視細胞がない**盲点 blind spot** になりました。

　キンメダイやハダカイワシなどの深海性の魚類、フクロウなどの夜行性鳥類、イヌやネコなどの食肉類、ツパイやメガネザルなどの原猿類、ウマやウシなどの有蹄類、クジラやイルカなどの鯨類には、網膜の裏側に**タペタム**（輝板）**tapetum** という反射板があり、網膜を通過した光を反射して網膜の視細胞に再び当てることで、薄暗い環境でも物体を視認できます（暗闇で動物の眼が光るのは、輝板で反射した光が瞳からもれ出たものです）。

　なお、哺乳類以外の多くの脊椎動物では、頭頂部に明暗を感知できる光受容器を持ちます。特に、トカゲ類ではレンズも備わった**頭頂眼 parietal eye** が第３の目としての役割を果たしています。

（2）視力

　物体を視覚的に識別する能力を**視力**（視精度）**visual acuity** といいます。物体が止まっているか動いているかによって、**静止視力 static visual acuity** と**動体視力 dynamic visual acuity** に分類できますが、普通に視力という場合は静止視力を意味していて、どれほど小さい対象を識別できるかという**空間分解能 spatial resolution** のことです。

　日本では静止視力は、考案者の名を取って**ランドルト環 Landolt ring** とよばれるＣ型の図を用いて測定され、視角（分単位）の逆数として1.2とか0.8のような**小数視力 decimal visual acuity** の形式で表されます。例えば、5 m の距離から1.5mm の切れ目の幅を識別できれば視力1.0となります。英米では考案者の名から**スネレン視標 Snellen chart** とよばれるアルファベットが並ぶ検査表を用います。20フィートの測定距離でサイズ20の文字が読めれば20/20のように**分数視力 fractional visual acuity** で表しますが、分数を小数にすればランドルト環での値に相当します（20/20なら1.0、20/40なら0.5）。なお、20フィートは約6 m に相当するため、メートル法を採用している国では6 m の視距離で測定し、6/6のように表します。

　動物を対象に視力測定を行う場合、白黒の縦縞と横縞を識別できるか（あるいは縞と一様の灰色を区別できるか）を、馴化（→ p.82）や弁別学習（→ p.88）によって調べます。このように測定した空間分解能を**縞視力 grating acuity** といいます。縞視力は視角１度あたりの黒縞の本数（cycles per degree, cpd）で示されますが、弁別できた縞の幅を視角に換算する（cpd値を２倍して60で割る）とランドルト環で測定した値と比較できます。

　解剖的・生理的方法によって解像度を求めることでも、視力を推定できます。例えば、表2−1は視細胞の密度とレンズの焦点距離から推定したさまざまな魚の視力をまとめたものです。大型表層魚は総じて視力が良くおよそ0.3以上であるのに対し、淡水魚や深海性魚、沿岸魚では約0.1〜0.2です。同表には**視軸 visual axis**（レンズ中央と中心窩を結ぶ線）の方向、つまり最も対象を細かく見ることのできる方向も示されています。なお、この表中のいくつかの種については行動的方法でも視力が得られています[10]。行動的方法に

基づく視力は表の値よりやや低い程度（ブルーギル0.07）のこともあれば、かなり低い例（カツオ0.18、キハダ0.27）もあります。ちなみに、表中にない魚種で、行動的方法で視力が得られている魚種として、ニジマス0.07、グッピー0.11、キンギョ0.23、イシビラメ0.09をあげておきます。

　魚類以外の動物の推定視力は次ページ以降にまとめてあります（表2-2）。視力の推定方法は統一されていないため数値は目安ですが、総じて捕食動物は被捕食動物より視力がよいといえます。特に、上空から獲物を狙う猛禽類の視力は卓越しており、ハヤブサ科のアメリカチョウゲンボウは5.0を超えています。草食のキリンの視力も比較的よく、高い頭から遠くの肉食獣をはっきり捉えることができます。霊長類では昼行性の種がよい視力を持っています。なお、同種の動物でも個体差があるだけでなく、品種などによる違いもあります。また、視力は周囲の明るさなどによっても変化します。例えば、明るいところではヒトはコウモリよりも視力に優れていますが、暗いところではコウモリのほうが優れています。[11]

表2-1　解剖的方法で推定した魚類の視力と視軸方向[12]

動物名	視力	視軸方向	動物名	視力	視軸方向
淡水魚			**沿岸魚**		
ブルーギル	0.09	前方やや下	クロホシイシモチ	0.06	前下
オオクチバス	0.17	前	ギンイソイワシ	0.08	前
深海性魚			ヒイラギ	0.09	前下
アオメエソ	0.06	上	ブリ	0.11	前
テンジクダイ	0.07	前下	シマイサキ	0.11	前
ソコマトウダイ	0.15	上	マアジ	0.12	前下
大型表層魚			スズキ	0.12	前
クロマグロ	0.28	前方やや上	メジナ	0.13	前下
シロカジキ	0.37	前方やや上	イシダイ	0.14	前
マカジキ	0.38	前方やや上	チダイ	0.15	前下
カツオ	0.43	前方やや上	カサゴ	0.15	前
メバチ	0.44	前方やや上	マダイ	0.16	前下
クロカジキ	0.44	前方やや上	ホウセキハタ	0.16	前
タイセイヨウクロマグロ	0.45	前方やや上	マサバ	0.17	前上
キハダ	0.49	前方やや上	ゴマサバ	0.19	前上
バショウカジキ	0.53	前方やや上	ユメカサゴ	0.19	前
フウライカジキ	0.56	前方やや上	マハタ	0.24	前

表2-2　さまざまな動物の視力[13]

動物名	視力	動物名	視力
［扁形動物］		［両生類・爬虫類］	
プラナリア	0.000	ヒョウガエル	0.093
		ファイアサラマンダー	0.167
［甲殻類］		アマリカミズヘビ	0.168
ヒオドシエビ	0.001	アカウミガメ	0.187
［軟体動物］		［鳥類］	
オウムガイ	0.001	コキンメフクロウ	0.200
イタヤガイ	0.005	ヨーロッパウズラ	0.233
タコ	0.766	アメリカワシミミズク	0.250
コウイカ	0.890	メンフクロウ	0.267
		ハシブトガラス	0.280
［昆虫類］		ヒヨコ（ニワトリ）	0.287
ヨーロッパクギヌキハサミムシ	0.001	ウズラ	0.303
チャイロコメノゴミムシダマシ	0.001	オオジュリン	0.313
キイロショウジョウバエ	0.002	キアオジ	0.353
サバクアリ	0.002	アトリ	0.366
スジコナマダラメイガ	0.003	カワウ	0.370
ナナホシテントウ	0.003	モリフクロウ	0.427
イエバエ	0.003	ヨーロッパコマドリ	0.429
アメンボ	0.004	アメリカコガラ	0.452
ベルシカラーボタル	0.005	ウソ	0.538
オオモンシロチョウ	0.005	ウタツグミ	0.559
キバハリアリ	0.005	ハト	0.600
アルバニアハンミョウ	0.006	アオカケス	0.633
アミメカゲロウ	0.006	ダチョウ	0.645
クロバエ	0.008	インドクジャク	0.687
フトハナバチ	0.008	ヒバリ	0.769
キオビクロスズメバチ	0.008	ノハラツグミ	0.855
トノサマバッタ	0.009	カケス	1.000
キアゲハ	0.009	ミヤマガラス	1.000
ミツバチ	0.010	カササギ	1.110
コフキオオメトンボ	0.013	ニシコクマルガラス	1.110
オオカマキリ	0.014	ワライカワセミ	1.367
ホソモモブトハナアブ	0.014	チャイロハヤブサ	2.564
タイリクアカネ	0.021	ヘビワシ	4.000
アメリカギンヤンマ	0.035	オナガイヌワシ	4.762
ハエトリグモ	0.056	アメリカチョウゲンボウ	5.333

動物名	視力	動物名	視力
[哺乳類]		翼手目	
単孔目		ホオヒゲコウモリ	0.003
ハリモグラ	0.056	ジャマイカフルーツコウモリ	0.006
有袋上目		オオヘラコウモリ	0.006
コアラ	0.080	ルーキクガシラコウモリ	0.013
タスマニアデビル	0.158	ナミチスイコウモリ	0.021
クロカンガルー	0.374	インドオオコウモリ	0.057
長鼻目		オーストラリアオオコウモリ	0.133
アフリカゾウ	0.439	ハイガシラオオコウモリ	0.183
有毛目		齧歯目	
フタユビナマケモノ	0.051	ハダカデバネズミ	0.015
鯨偶蹄目		ゴールデンハムスター	0.017
アマゾンカワイルカ	0.025	マウス（ハツカネズミ）	0.017
シロイルカ	0.083	ラット（ドブネズミ）	0.053
バンドウイルカ	0.110	スナネズミ	0.060
カマイルカ	0.164	パカ	0.093
シャチ	0.182	トウブハイイロリス	0.130
ヒツジ	0.187	トウブキツネリス	0.130
ヤギ	0.281	カリフォルニアジリス	0.133
ブタ	0.331	カピバラ	0.193
フタコブラクダ	0.333	ウサギアグーチ	0.207
ウシ	0.344	ウサギ目	
キリン	0.849	アナウサギ	0.100
奇蹄目		登木目	
クロサイ	0.200	コモンツパイ	0.157
ウマ	0.777	霊長目	
食肉目		フトオコビトキツネザル	0.095
コツメカワウソ	0.067	オオガラゴ	0.160
フェレット	0.119	ワオキツネザル	0.223
ラッコ	0.140	ヨザル	0.333
キタオットセイ	0.201	コモンマーモセット	1.000
カリフォルニアアシカ	0.208	リスザル	1.350
ヨーロッパオオヤマネコ	0.267	カニクイザル／ブタオザル	1.533
ブチハイエナ	0.280	アカゲザル	1.787
ネコ	0.295	フサオマキザル	1.825
イヌ	0.387	ベルベットモンキー	1.841
タイリクオオカミ	0.486	クロホエザル	1.987
チーター	0.767	チンパンジー	2.143

（3）色覚

　ヒトはおよそ380～750 nm（ナノメートル）の波長の電磁波を光として感じますが、それはこの波長の電磁波（可視光線）に反応する視物質を持つ視細胞が網膜にあるからです。網膜周縁部には498 nmの光を最も鋭敏に検知する**桿体細胞 rod cell**があり、明暗の感覚を引き起こします。最も視細胞が密集する**中心窩 fovea**とその周辺には420 nm、534 nm、564 nmの光を最も検知する視物質を持つ**錐体細胞 cone cell**（赤錐体、緑錐体、青錐体）があって、興奮レベルの相対比によって、色という質感（クオリア）をもたらします。これが**色覚 color vision**です。

　無脊椎動物の多くは異なる波長に敏感な視物質がないため色覚を持ちませんが、節足動物の中には複数の波長に反応する視細胞を持つものがいます。ゴキブリ・エビ・ザリガニは2種類、ミツバチ・ハエ・スズメガは3種類、アキアカネ（赤とんぼ）やモンシロチョウは5種類、ナミアゲハは6種類（広帯域に感度を有する1種類を含む）、シャコにいたっては十数種類の異なる分光感度（光の波長に対する相対的感度）を持つ視細胞が確認されています。[14]しかし、ヒトは3種類の錐体だけで多くの色を感じていますから、種類の多さが必ずしも色彩世界の豊かさをもたらすとは限らないでしょう。また、ヒトも桿体細胞を含めると4種類の異なる分光感度を持つ視細胞がありますが、色感覚をもたらしているのはそのうちの3つです。ナミアゲハも6種類の視細胞のうち色感覚に関与しているのは4つだけ（4色型色覚）であることが、波長弁別の行動実験で明らかにされています。[15]

　脊椎動物については、魚類・両生類・爬虫類・鳥類は3色型であるとされていましたが、[16]紫（410～420 nm）、青（440～450 nm）、緑（470～510 nm）、赤（520～570 nm）付近で最も感度が良い視細胞からなる4色型であることが近年、判明しています。[17]恐竜も4色型だったと考えられます。[18]なお、魚類でもハダカイワシなどの深海魚の網膜には錐体がなく、サメには1種類の錐体しかないため、これらの種は色覚がありません。[19]

　表2-3は哺乳類の色覚をまとめたものです。哺乳類の多くは青と緑の視細胞を退化させた2色型で、赤色と緑色の識別が困難です。原始哺乳類が恐

表2-3 哺乳類の色覚[20]

1色型	霊長目：ヨザル、ガラゴ、齧歯目：アフリカオニネズミ、食肉目：アザラシ、鯨偶蹄目：コククジラ、バンドウイルカ
2色型	霊長目：ワオキツネザル、ツパイ、齧歯目：マウス（紫外線錐体を含む）、ラット（紫外線錐体を含む）、モルモット、ジリス、ウサギ目：アナウサギ、食肉目：ハイエナ（短波長錐体は紫外線錐体？）、クマ、イヌ、フェレット、ネコ、ラッコ、鯨偶蹄目：ウシ、オジロジカ、ブタ、奇蹄目：ウマ、海牛目：マナティー、長鼻目：アフリカゾウ、翼手目：オオコウモリ（紫外線錐体を含む）
3色型	霊長目：ヒト、マカクザル、ホエザル、リスザル（4色型？）

竜を恐れて夜に活動したためだと思われます。霊長類には3色型も見られますが、これは赤視細胞が赤錐体と緑錐体に分化し、紫視細胞が青錐体になったものです。3色型だと果実の熟れ具合を認識しやすく、他個体の「顔色」[21]を読み取ることも容易です。[22]しかし、保護色で見えづらい昆虫を見つけるには2色型が有利なようです。[23]色より明暗や形に注目するからでしょう。

　動物の知覚世界を理解するには、実際に感じる色の種類数だけでなく、知覚可能な電磁波の範囲にも着目すべきです。ミツバチは赤が見えませんが、短い波長は紫外線を含めてよく見えます。[24]チョウ[25]も、トカゲ[26]も紫外線が見えます。鳥類の中にも紫外線が見える種は少なくありません。例えば、紫外線を反射する足環をしたキンカチョウの雄は雌によくもてます。[27]ハトやネズミ（ラット・マウス）も紫外線を知覚できます。[28]

　ヒトにとって、可視光線より長い波長の電磁波（赤外線）は熱として感じるため視覚ではありません。マムシ・ハブ・ニシキヘビなどは鼻孔近くに赤外線を感じる**ピット器官（孔器官）pit organ** が左右に1対以上あり（種によっては下顎にも数対あります）、暗闇の中でも獲物の存在と位置を察知できます（図2-2）。ピット器官は頭部の皮膚感覚を脳に伝える三叉神経につながっていますから、これも視覚とはいえないでしょう。

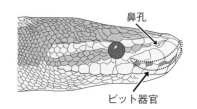

鼻孔

ピット器官

図2-2　ボールニシキヘビのピット器官

（4）視野

　眼の機能は光を利用して周囲の環境を知ることです。眼に見える範囲を**視野 visual field**、視野外範囲を**死角 dead spot** といいます。エビやカニでは頭から突き出た眼柄の先に複眼がついており、それを動かすと広い視野を得ら

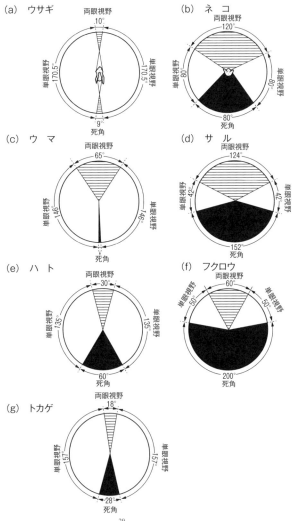

図2-3　脊椎動物の水平視野[29]

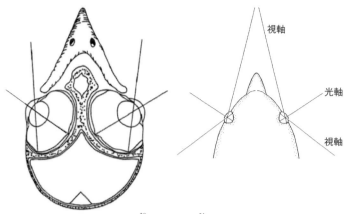

図2-4　左右に各2本ある鳥類[30]（左）と鯨類[31]（右）の視軸（水晶体中央後面と中心窩を結ぶ軸）
鳥類では側方の視軸は光軸（レンズ中央を通るレンズに垂直な線）とほぼ同じですが、鯨類では視軸のほぼ中央に光軸があります。

れます。ハエ・ハチ・トンボなどでは複眼が頭部面積の半分以上を占め、これも広い視野獲得に役立っています。いっぽう、水底をはうカブトガニの眼は体の上面についていて、下面は視認できません。

　脊椎動物の多くの種では眼が頭部左右両側面にあって、広い両眼視野を持ちます（図2-3）。霊長類やフクロウ、ネコのような動物では目が前向きについていて、首を動かさないと頭部後方に広い死角ができますが、その一方で前方に広い視野の重なりを確保できます（同図右）。視野の重なりは、左右両眼での見えの違い（視差）や両眼を中央に寄せる（輻輳）ための動眼筋の緊張度合などを手がかりにした、**奥行知覚 depth perception** や**立体視 stereoscopic vision** を可能にします。

　鳥類の多くの種や鯨類では眼球に中心窩が2つあり、前方での**焦点視 focused vision** による正確な対象補足と、側方での**パノラマ視 panoramic vision** による探索・警戒が同時に可能です（図2-4）。なお、鳥類の眼球は頭部全体に比べて大きく、ややつぶれた形をしており、外眼筋があまり発達していないので、眼球をほとんど動かせません。このため、対象物を追うときは頭部全体を動かします。

（5）形態視

対象物の形を識別する視覚能力を**形態視 form vision** といいます。心理学実験でよく用いられるラットやハト、霊長類（特にチンパンジーやマカク属のサル）については、形態視の研究が少なからずあります。図2-5はそうした研究成果の一例です。ヒトでは図形の上下どちらに陰があるかの判断は、左右どちらに陰があるかの判断よりも容易ですが、チンパンジーは逆であることがわかります。平原で進化したヒトと樹間生活に適応したチンパンジーでは、知覚処理のしくみが異なっているのかもしれません。また、ヒトは画像刺激を全体として捉えがちですが、ヒト以外の霊長類やハトは画像の局所的特徴に注意を向ける傾向にあります[32]。

魚類の中にも優れた形態視を持つ種がいます。図2-6は同時弁別訓練（→ p.88）によって、ブルーギルに細かい点のパターンの識別をさせた実験です。また、イカやタコは周囲の状況を視認して体色や模様を変えますが、この習性を利用した形態視研究もあります（図2-7）。

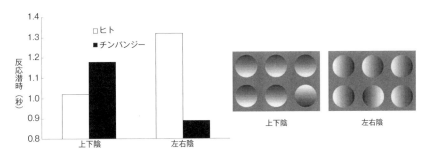

図2-5　視覚探索課題によって明らかにされた陰影知覚の種差[33]

上段は画面に呈示された刺激画像の例です。6つの円（直径18 mm）から陰の位置が異なる仲間外れを1つ、できるだけ速く探さなければなりません（6ヶ所のどこに仲間外れが現れるかは毎回異なります）。反応潜時が短いほど知覚処理が容易であることを意味します。

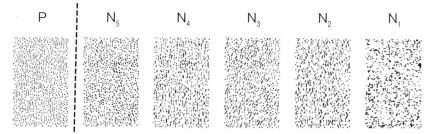

図2-6　ブルーギルにおけるドットパターンの識別[34]

魚の前に2種類のドットパターン（PとN）が同時に呈示され、Pに向かって泳げば餌（小エビ）が与えられます。この弁別訓練試行を繰り返します（PとNの左右位置は試行ごとにランダムです）。NパターンはN1～N5の5つがあり、まずN1を避けPを選ぶようになったら、次はPとN2、そしてPとN3、さらにPとN4と訓練を進め、最後はPとN5の識別もできるようになりました。

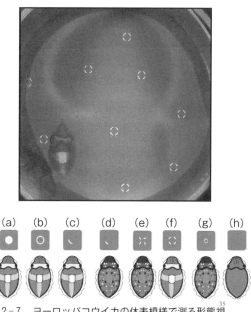

図2-7　ヨーロッパコウイカの体表模様で測る形態視[35]

上：水槽の底（灰色）に切欠きのある円を複数配置したところ、イカの体に白い角丸斑が表れました。下：配置した図形によって表れる模様が異なります（実験結果をわかりやすくイラスト化したものです）。体表の角丸斑はイカが図形を円として知覚していることを示唆しています。切欠きがあったり（f）、輪郭の一部であっても（c）、角丸斑が表れますが、輪郭が短すぎたり（d）、線分の向きが放射状であったり（e）、円が小さすぎると（g）、角丸斑ではなく点が表れます。

（6）視覚的探索

　保護色をまとった虫を捕食する経験をした鳥は同種の虫を容易に見つけ出すようになります。ティンバーゲン（→ p. 15）は、鳥が何を探せばよいか具体的イメージ（**探索像 search image**）を抱いて、獲物を探すようになったと考えました[36]。探索像は経験に基づく学習あるいは記憶の一種ですが、**視覚的注意 visual attention** の問題（何に注意しながら探すか）としてみることもできます。図2−8はそうした観点から行われたアオカケスの実験です。

　ヒトの視知覚研究では、複数の図形の中から正しいものをできるだけ速く選ぶという視覚探索課題が、知覚情報処理過程の分析によく用いられます[37]。同様の視覚探索課題をハトや霊長類に対して行った研究もあります。先に紹介した陰の判断の実験（図2−5）も視覚探索課題ですが、より自然な刺激（人物の顔写真など）を用いた実験もあります。例えば、チンパンジーは、倒立顔の中から正立顔を探す課題のほうが、正立顔の中から倒立顔を探す課題よりも容易でした。ニホンザルを対象に同種の顔写真を用いた視覚探索実験もあります[38]。複数の平時表情の顔写真の中から威嚇表情の写真を見つける課題は、複数の威嚇表情の顔写真の中から平時表情の写真を見つける課題よりも容易でした。これは、他個体の威嚇表情が速やかに検出されることを意味しています。

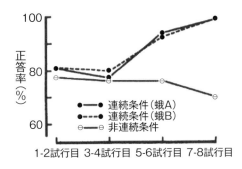

図2−8　探索像をアオカケスで実験的に確かめた実験[39]

画面に木の幹の写真を映し出し、そこに蛾がいるかどうかをアオカケスに判断させました。木の幹に蛾が1匹いる試行では、画面をつつくと報酬としてミールワームが与えられましたが、蛾のいない試行では画面をつついても報酬は与えられませんでした。この実験では、2種類の蛾（蛾Aと蛾B）が用いられています。蛾がいる試行ではどちらか1種類の蛾ばかり毎回映し出される連続条件では、試行を経るごとに成績がよくなっています（探索対象である蛾のイメージが固まっていくことを示唆しています）。2種類の蛾のうちどちらが映し出されるかがわからない非連続条件では、そうした成績向上は見られていません。

column ■ 時間分解能

　動いている物体の視覚的識別力、つまり動体視力には、静止視力に加え、ど
れほど素早い動きを検出できるかという**時間分解能 temporal resolution** がかか
わります。カタツムリは1秒に4回の動きが検出できませんでした。ヒトも、
1秒間に数十回の頻度で点滅する電球を連続点灯しているように感じます。こ
のときの点滅頻度を**臨界融合頻度 critical fusion frequency**（**CFF**）といい、Hz
（ヘルツ、1秒当たりの回数）で示します。時間分解能の指標にはこの CFF を
用いることができます。

　表2-4は脊椎動物のいくつかの種について CFF の値を示したものです。な
お、点滅光の輝度は動物種の生態に応じて適宜調整（夜行性動物は暗めなど）
されたものですが、一般に低輝度のほうが CFF は低目になります。また、こ
の表の CFF は生理学的方法（網膜電位の測定）による推定値と行動的方法（弁
別訓練成績）による推定値が混在していますから、注意が必要です。

　複眼を持つ昆虫は素早い動きを検知可能です。例えば、ミツバチやトンボの
CFF は300〜400Hz[40]、イエバエも200Hz[41]以上です。これらの昆虫にとって、捕
まえようとするヒトの動きはスローモーションに見えることでしょう。

表2-4　脊椎動物の眼の時間分解能（CFF）[42]

動物種	CFF	輝度	動物種	CFF	輝度
ヨーロッパウナギ	14	低	ネコ	55	低
オサガメ	15	高	ヒト	60	高
ハナグロザメ	18	低	アメリカアカリス	60	高
トッケイヤモリ	20	低	キンギョ	67.2	高
ニジマス	27	低	アノールトカゲ	70	高
アカシュモクザメ	27.3	低	コミミズク	70	高
タイガーサラマンダー	30	低	セキセイインコ	74.7	高
メガネカスベ（ガンギエイ目）	30	低	キハダ	80	高
タテゴトアザラシ	32.7	低	イヌ	80	高
ニシレモンザメ	37	低	グリーンイグアナ	80	高
メダカ	37.2	低	ニワトリ	87	高
ラット	39	低	コモンツバイ	90	高
アカウミガメ	40	高	アカゲザル	95	高
アオウミガメ	40	高	ハト	100	高
アメリカワシミミズク	45	低	ホシムクドリ	100	高
ムカシトカゲ	45.6	低	キマツシマリス	100	高
テンジクネズミ	50	低	キンイロジリス	120	高

column ■ 奥行知覚と立体視

　動物は自分と獲物や天敵までの距離を見積もったり、断崖や穴の深さの見当をつけたりしなくてはなりません。こうした**奥行知覚 depth perception** の能力はさまざまな動物で調べられています。[43]代表的な実験装置は、段差のある構造物の上面に透明板を敷いた**視覚的断崖 visual cliff**（図 2 - 9 ）で、動物が深い側を避けるかどうかを観察記録します。この方法を考案した**ギブソン**（E. J. Gibson）らの研究では、検査した動物種（カメ・ニワトリ・ラット・ネコ・イヌ・ウサギ・ヒツジ・ブタ・サル）のすべてで、奥行知覚の存在が確認されています。[44]

　また、3 次元的な視知覚は**立体視 stereopsis** の研究としても行われています。ヒトでは、両眼の間隔と同じだけ離れた 2 点から撮影した写真や描画した図形を、左右の眼で別々に見ることのできる実体鏡（ステレオスコープ）を装着すると、図形や写真が立体的に見えます。これは両眼視差に基づく立体視ですが、同様の装置を用いて、ベニガオザル・ネコ・ハヤブサ・ハト・フクロウ・ヒキガエル・カマキリなど多様な動物種において立体視能力が確認されています。[45]

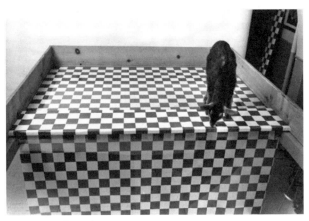

図 2 - 9　視覚的断崖
動物が本当に落ちないように、透明板が敷かれています。また、奥行感がわかりやすいように、白黒の市松模様が描かれています。
https://www.researchgate.net/figure/273065996_fig5_Figure-2-One-of-the-cliff's-forgotten-subjects-a-goat-contemplates-the-apparent-drop

　実際の視覚刺激と知覚された視覚イメージとのずれを**錯視（視覚的錯覚 optical illusion）**といいます。動物でヒトと同じような錯視が生じるかどうかが、フナ・ニワトリ・ベニスズメ・ツグミ・ムクドリ・ハト・モルモット・アカゲザル・オマキザル・ベニガオザル・マンガベイ・ヒヒなどで研究されています。最近ではイヌを対象とした実験も発表されています。無脊椎動物でも、ミツバチやハエなどで錯視研究があります。ここではハトでの研究例を紹介しましょう。図2-10の左パネルはミュラー＝リヤー錯視の実験結果です。水平線分はその長さに応じて「長い」と判断する割合が増えますが、＞ー＜図形はやや長く、↔図形はやや短く知覚されます。これはヒトと同じです。いっぽう、同図の右パネルはエビングハウス＝ティチチナー錯視の実験結果です。中央の標的円はその直径に応じて「大きい」と判断する割合が増えますが、周辺の円が大きいとより大きく、周辺の円が小さいとやや小さく知覚される同化現象が見られます。ヒトでは対比現象が生じるので、まったく逆の錯覚が生じています。なお、ニワトリでもハトと同じく同化現象が見られるようです。

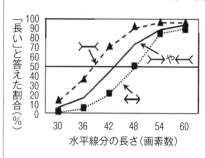
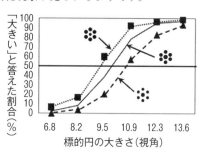

図2-10　ハトの錯視実験の結果

上図の水平線が長く見える

右図の中央円が大きく見える

◆さらに知りたい人のために

○日高敏隆『動物と人間の世界認識―イリュージョンなしに世界は見えない』ちくま学芸
　文庫　2007
○岩堀修明『図解・感覚器の進化―原始動物からヒトへ、水中から陸上へ』講談社ブルー
　バックス　2011
○シュービン『ヒトの中の魚、魚の中のヒト―最新科学が明らかにする人体進化35億年の
　旅』早川文庫　2013
○鈴木光太郎『動物は世界をどう見るか』新曜社　1995
○実重重実『生物に世界はどう見えるか―感覚と意識の階層進化』新曜社　2019
○野島智司『ヒトの見ている世界、蝶の見ている世界』青春新書　2012
○浅間茂『虫や鳥が見ている世界――紫外線写真が明かす生存戦略』中公新書　2019
○日本動物学会関東支部（編）『生き物はどのように世界を見ているか―さまざまな視覚
　とそのメカニズム』学会出版センター　2001
○種生物学会（編）『視覚の認知生態学―生物たちが見る世界』文一総合出版　2014
○日本比較生理生化学会（編）『見える光、見えない光―動物と光のかかわり』共立出版
　2009
○河合清三『いくつもの目―動物の光センサー』講談社　1984
○ジェイコブス『動物は色が見えるか―色覚の進化論的比較動物学』晃洋書房　1994
○パーカー『目の誕生―カンブリア紀大進化の謎を解く』草思社　2006
○パーカー『動物が見ている世界と進化』エクスナレッジ　2018
○藤田祐樹『ハトはなぜ首を振って歩くのか』岩波科学ライブラリー　2015
○中村哲之『動物の錯視―トリの眼から考える認知の進化』京都大学学術出版会　2013
○バークヘッド『鳥たちの驚異的な感覚世界』河出書房新社　2013
○川村軍蔵『魚との知恵比べ―魚の感覚と行動の科学（3訂版）』成山堂書店　2010
○川村軍蔵『魚の行動習性を利用する釣り入門―科学が明かした「水面下の生態」のすべ
　て』講談社ブルーバックス　2011

　感覚様相ごとに感覚器があっても、ヒトは感覚をモザイク状に組み合わせた知覚世界ではなく、さまざまな感覚が統合された**ゲシュタルト Gestalt** 的世界に生きています。例えば、スパークリングワインを飲むときは、味だけでなく、香りも、色合いも、パチパチという音も楽しみます。生暖かくてもおいしくありません。歩き回りながら飲むよりも、座って飲んだ方が美味でしょう。スパークリングワインの「味わい」は味覚だけでなく、嗅覚・視覚・聴覚・温感覚・身体感覚などが総合されたものです。ヒト以外の動物のほとんどの種においても、知覚世界は感覚の統合体（ゲシュタルト）です。

　また、ヒトを含む動物は複数の感覚手がかりを時間的流れにそって用いることがあります。ユクスキュル（→ p. 22）があげたマダニの例を紹介しましょう。森にすむマダニは通りかかった獲物（ヒトなどの哺乳類）の生き血を吸います。まず、獲物を待ち伏せる適切な枝葉を皮膚全体にある光受容器の感覚によって決めます（マダニに眼はありません）。そして、近づく哺乳類の皮膚腺から出る酪酸の匂いを手がかりに枝葉から落下すると、温度感覚によって温かい哺乳類の体であることを確かめ、触覚によって体毛の少ない箇所を探し、皮膚に口器を差し込んで吸血するのです。

　このように、動物はさまざまな感覚が空間的・時間的に統合されたゲシュタルト的世界に生きていますが、ヒトは視覚優位の動物ですから、感覚・知覚の実験心理学的研究は視覚に関するものが最も多くなっています。動物の感覚・知覚研究で用いる行動的方法は実験心理学の技法をもとにしていますから、視覚以外の感覚・知覚に関する行動的研究は乏しく、解剖・生理的方法による研究が中心です。

図3-1　ヒトの頭髪に落ちたマダニ
https://en.m.wikipedia.org/wiki/File:Tick_on_human_head.jpg

1．聴覚

（1）音受容器の進化と構造

聴覚 audition（auditory sense）の適刺激は空気や水の振動です。視覚器の場合と同様に、聴覚器の進化は無脊椎動物と脊椎動物で異なります。昆虫類以外の無脊椎動物は聴覚専用の感覚器官を持ちません。ミミズやカタツムリは周波数の低い空気振動（低い音）に反応しますが、これは体表に振動を感知する感覚細胞が存在するためです。クモ類も体表の感覚毛が空気振動に反応します。こうした振動感覚は聴覚というよりも皮膚感覚（触覚）でしょう。

昆虫類は種によって異なった聴覚器官を持ちます。**弦響器（弦音器）**^{げんきょうき}^{げんおんき} **chordotonal organ** は、数本の弦からなり、その一端が皮膚の特定箇所に、もう一端が神経細胞に直接つながっています。弦音器の位置は種によって異なりますが、腹部や脚のつけ根などにあって、カやハエなどに見られます（図 3 - 2）。カやハエなどはさらに、触角のつけ根に**ジョンストン器官 Johnston organ** を有します。これは空気振動を触角と触角線毛の揺らぎとして感知するもので、聴覚器官であると同時に風速計（触覚器）の役割を持ちます。

コオロギやキリギリスは前肢に、バッタやセミは腹部に聴覚に特化した**鼓膜器 tympanic organ** があります。鼓膜器は太鼓のように空気振動を膜の動きに変換するという点で哺乳類の鼓膜と同じですが、神経細胞に直接つながった単純な構造です。コオロギやキリギリスのように左右の前肢に鼓膜器があると、左右の鼓膜器が検出する音の強度や到達速度の違いを手がかりにして音源の方向を確認できます（**音源定位 sound localization**）。このためこれらの昆虫は、音を聞く際には前肢を大きく左右に開きます。

脊椎動物の聴覚器は**側線器 lateral-line organ** に由来します。[3] 現生の魚類や両生類では体側ほぼ中央に左右各 1 本ある側線管を出入りする水流を感覚毛で捉えるしくみが側線器ですが、頭部にいたる側線管が閉塞し、リ

弦響器

ジョンストン器官　弦響器

図 3 - 2　ショウジョウバエの聴覚器官[2]

ンパ液がその中に満たされたことで膜迷路 membranous labyrinth が生じ、これを骨迷路 osseous labyrinth が包んで内耳 inner ear が誕生したと考えられています。魚類や両生類の内耳はラゲナ（壺嚢 lagena）と呼ばれる聴覚受容器と、頭部の回転加速度を察知する半規管 semicircular canals、頭部の傾きや直線加速度を感じる耳石器 otholis organ からなります。加速度や平衡感覚も感覚毛の揺らぎで検出可能であり、これらの感覚と聴覚は同一起源です。魚類は水の振動を頭蓋骨でも受けて骨伝導でラゲナに伝えます。なお、コイ・フナ・ナマズなどは水の振動を鰾で空気振動に増幅し、ウェーバー小骨 Weberian ossicles を介して椎骨経由で膜迷路に入る経路もあって、他の魚種よりも音に敏感です。

ラゲナは両生類・鳥類では伸長して蝸牛管となり、哺乳類では蝸牛管が螺旋構造となることでより延長することで、高周波の音を聞くことができるようになりました（図3-3）。なお、魚類以外の脊椎動物では鰓などの一部が鼓膜 eardrum を持つ中耳 middle ear に変化しています。鼓膜は両生類では体表にありますが、爬虫類・鳥類では体内に移動したため外耳道 external auditory canal が形作られました。外から見ると耳穴（外耳孔 external acoustic opening）が開いているだけですが、哺乳類の多くの種では、この穴の周辺に耳介 pinna が形成されて集音機能を果たしています。特に、ウサギ、ウマ、イヌ、ネコなどは左右の耳介を別々に動かすことができるため、音源定位に優れています。

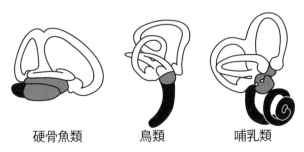

硬骨魚類　　　　鳥類　　　　哺乳類

図3-3　内耳の構造
白色部が半規管、灰色部が耳石器、黒色部がラゲナ（蝸牛管）

（2）可聴域と聴覚閾

　空気や水の振動周波数は音の高さとして知覚されます。知覚できる音の高さの幅を可聴域 hearing range（audible range）といい、ヒトの場合、20Hz から15,000～20,000Hz までの周波数の音を聞くことが可能ですが、低すぎる音や高すぎる音は聞き取りづらく、音の強さ（音圧）をあげる必要があります。図3-4 はいくつかの動物種の可聴範囲を図示したもので、音圧10dB^{デシベル}（ヒトの呼吸音程度）で聞こえる幅を太線、音圧60dB（ヒトの通常会話程度の音の大きさ）で聞こえる幅を細線で表しています。

　音の周波数と聞き取れる最小音圧（聴覚閾 auditory threshold）の関係を示したものを聴力図 audiogram といいます。図3-5 は哺乳類と鳥類の聴力図です。曲線が低いほど聴覚閾が低く、小さい音でも聴取可能であることを示しています。また、曲線が右にあるほど高い音を聞き取れることを意味します。ゾウはヒトが聞き取れない超低周波の音を聞きとれたり、イヌ・ネコ・ネズミなどはヒトに聞こえない超高周波の音（超音波 ultrasound, untrasonic）

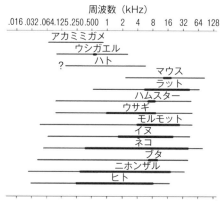

周波数（kHz）

図3-4　行動学的方法で測定した動物の聴覚範囲[4]
この図は聞き取りやすい範囲（音圧60 dB 以下で聞こえる範囲）を示したものであり、この範囲を少し外れても音圧が大きければ聞こえます。最も聞きやすい範囲（音圧10 dB 以下でも聞こえる範囲）が明らかな種については、それを太線で示しています。

が聞こえていることがこの図から読みとれます。特に、イルカやコウモリの超音波知覚は優れています（→ p.48）。

　多くの動物では、同種間コミュニケーションに用いられる音声の周波数帯が最もよく聞こえます。また、捕食動物は獲物の音声の周波数帯にも敏感です。

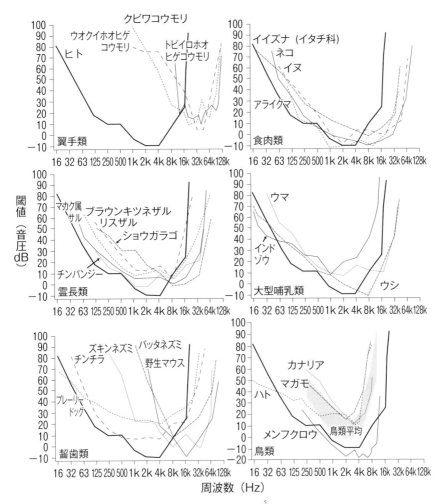

図3-5　行動学的方法で測定した哺乳類と鳥類の聴力図[5]

0 dB とは20 μ（マイクロ）Pa（パスカル）の空気振動です。音圧で20 dB の増加が空気振動圧では10倍の増加に相当します。また、dB 値がマイナスのときは20 μPa 以下の空気振動圧を聴取できることを意味します。なお、ヒトの聴覚図はすべてのパネルに太線で示してあります。同種間コミュニケーションに用いられる音声の周波数帯で最も感度がよく、捕食動物では獲物の音声の周波数帯にも敏感です。

（3）音源定位

　音の発生源の位置（方向）を正確に同定することを**音源定位 sound localization** といいます。図3-6はいくつかの動物の音源定位の正確さを示しています。夜行性のフクロウは視力があまりよくありませんが（→ p.28）、聴覚に優れ、閾値が低い（→ p.45）だけでなく、音源定位も正確で、暗闇の中でも獲物が動く音や鳴き声からその位置を割り出して捕食できます。特に、メンフクロウの音源定位能力は抜群で、詳しく調べられています。

　メンフクロウは顔全体がパラボラアンテナ状で集音効果を持ちますし、真横にある耳は左右非対称で左耳は下向き、右耳は上向きに外耳道が開いていて、羽毛もこの向きについています（図3-7）。このため左右位置だけでなく上下位置も正確に知覚できます。左右の耳の間に生じる音圧差が上下位置（左耳がよく聞こえれば下から、右耳なら上からの音）、時間差が左右位置の知覚におもにかかわります。音圧差情報と時間差情報はそれぞれ異なった神経経路で蝸牛から中脳に達し、中脳外側核には外界空間の特定位置に対応する神経細胞が整然と並び、聴空間を形成しています[6]。

　なお、ミミズクは「耳」のあるフクロウですが、その「耳」は哺乳類の耳介のように皮膚ではなく羽毛なので**羽角 feather horn** といいます。羽角には、その形で同種を識別したり、他の動物に擬態するといった役割があると

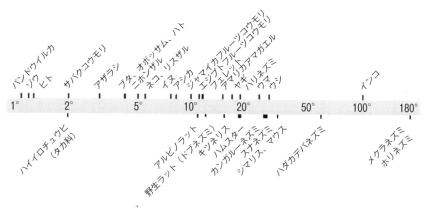

図3-6　動物の音源定位精度[7]

されています。ミミズクを含めフクロウ科の鳥の耳は真横にあるため、上部についた羽角は耳介のような集音機能を持ちません。集音機能を果たすのは外耳孔周辺の皮膚の隆起と硬い羽毛です。

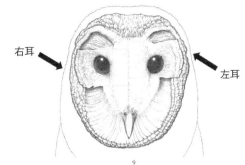

右耳

左耳

図3-7　メンフクロウの頭部
顔面を覆う細かい羽毛を取り除いたところ。

Topic

電気受容器

　側線器から分化したもう1つの感覚器官が電気受容器です。動物の神経や筋肉の働きは微弱な電気を生むため、水棲動物の心臓や体筋の活動から生じた電気の一部は水中を伝わります。また、水流などの変化に伴ってさまざまな微弱電気が発生しているため、水中には微弱な電場が形成されています。これを使用して周囲の状況を知るのが**電気感覚 electric sense**です。ヤツメウナギ、軟骨魚（サメやエイ）、チョウザメ、ナマズなどの魚類のほか、一部の両生類（アホロートルやアシナシイモリ）にも電気受容器が確認されています。これらの動物の電気受容器は**アンプラ型受容器ampullary organ**と呼ばれ、頭部を中心に側線器と平行に体軸にそって分布しています。

　しかし、ナイル川のように濁った流れでは視覚や嗅覚に頼るのが難しく、自然の電場も弱すぎて感知困難です。そこで、同川にすむアロワナ類の中には自分の尾部から弱い磁気を発して電場を作る**弱電魚 weaklyelectric fish**が出現しました。これらの魚では磁場の乱れを、背部や腹部あるいは頭部にある**結節型受容器 tuberous organ**によって感じます。なお、このように自ら電気を発生する能力がさらに進化し、餌捕獲や外敵防御に用いているのがシビレエイ、デンキナマズ、デンキウナギなどの**強電魚 strongly electric fish**です。

（4）反響定位

　漁船や軍用艦に積み込まれているアクティブ・ソナーは、水中で超音波を発し、その反響音から魚群や敵艦を探知する装置で、**反響定位 echolocation** のしくみを応用したものです。イルカはこれと同じことを、以下のような方法で行っています。

　イルカは、頭頂にある呼吸孔（鼻孔）の左右に空気嚢（鼻嚢）を持ち、その左右間で空気を移動させることで弁を震わせて1,000～200,000Hz の音波を生み出します。これを前額にある脂肪組織**メロン melon** で増幅し対象物に断続的に発射します（図3-8）。この音をクリックスといい、人間の耳にはその低周波成分が「ギィィィ」という重い扉を開くときのような音に聞こえます（高周波成分は超音波でヒトには聞こえません）。対象物に反射した音は主に下顎で感知し、周辺の脂肪組織で増幅されながら骨伝導によって中耳、そして内耳に伝わります。鼓膜は退化していますが、鼓膜靱帯という楕円形の神経組織があって、下顎骨から耳小骨へ情報を伝えています。なお、イルカの外耳道は水が入らないようほとんど閉塞しています。

　イルカの反響定位能力を調べたある実験では、ステンレス球（直径7.62cm、厚さ0.8mm、水充満）の最大検知距離はバンドウイルカで113 mでした[11]。オキゴンドウでは113～119 m[12]、シロイルカでは162 m[13]との報告があります。また、形状や素材の知覚に関しては、スナメリ（ネズミイルカ科の小型鯨類）を用いて調べた実験があります[14]。この実験では、鉄製の円筒（直径1.5cm、長さ10 cm）を直径が0.1 cm 異なる鉄製円筒と区別できました。また、同じサイズの円筒の材質を区別させたところ、鉄製円筒はアクリル製円筒や

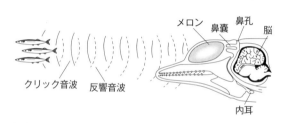

図3-8　イルカの反響定位

真鍮製円筒と区別できました（鉄製とアルミ製の区別はできませんでした）。

　コウモリも超音波による反響定位を行う動物です。ただし、大型のオオコウモリ亜目（約200種）では洞窟にすむルーセットオオコウモリを除き、反響定位は行いません。いっぽう、小型のコウモリ亜目（約800種）ではほぼすべてが反響定位を用います。超音波は5〜9万Hzで、声帯に高い圧力をかけて、口または鼻から発します。この超音波と、物体からの反響音を聴き比べて、飛ぶ虫を捕獲したり、障害物を避けたりします。虫を捕らえる場合、まず低速で巡回飛行しながらときどき超音波を発します。虫を感知すると、超音波を発する頻度をあげて、虫の動きを予測しながら接近し、捕獲直前には高頻度で強い周波数を発して確実にしとめます。その精度は高く、3mm程度のショウジョウバエも容易に捕獲可能です。

　オオクビワコウモリの対象知覚能力を実験室で調べた動物精神物理学的研究では、2.9m離れた地点から直径4.8mmの球体、5.1m離れた地点から直径19.1mmの球体を検出できました。また63cm離れた対象が0.07mm前後にずれていても検出できる奥行知覚を持っています[16]。

　反響音の特徴から物体を知るには以下の方法を用いています[17]。まず、反応音がどこから来たかで物体の位置がわかります。具体的には、両耳間に生じる反響音の強さや到達時間の差から、物体と自分との水平角度（方位角）を知ることができ、大きな耳介のどの位置に反響音が強く速く到達するかによって物体の上下位置（仰角）もわかります。反響音の振幅が物体の広がり（対位角、視覚における視角に相当）、反響音の強度（近いほど強い）が距離を示すので、この2つの情報を統合して物体の実際の大きさを把握します。振幅の成分は物体の形状や材質などの特徴を反映しています。さらに、移動する物体（飛ぶ虫）では、移動方向では音波が縮み、後方では音波が伸びるドップラーシフトが生じるので、これを感知して物体の移動速度がわかります。こうした物体認識は大脳皮質聴覚野で行われています[18]。

　哲学者ネーゲル（T. Nagel）は「コウモリであるとはどのようなことか[19]」と問いました。音響定位の科学的解明は進んでいますが、イルカやコウモリの環世界をわれわれが真に把握するのは難しいといえます。

2．化学感覚

（1）化学受容器の進化と構造

ヒトは水に溶けた化学物質は口中（特に舌）で、空気中の揮発性化学物質は鼻腔で感知します。前者が**味覚 gustation**（gustatory sense）、後者が**嗅覚 olfaction**（olfactory sense）で、まとめて**化学感覚 chemical sense** と呼ばれます。動物種によってはこの２つの区分は困難ですが、一般に、摂食に関わる場合は味覚、呼吸に関わる場合は（水中であっても）嗅覚とされます。

動物にとって原始的な化学感覚は、腔腸動物（イソギンチャクやクラゲなど）や扁形動物（ウズムシなど）に見られ、体表全体や触手などに分布する感覚細胞で検知します。そうした感覚細胞のうち口に近い部分にあって、摂食に関係していると思われる場合（検知した対象物を体内に摂取する場合）は、味覚と称されます。

環形動物（ミミズなど）は体表に化学物質の受容器が散在しています。このうち化学物質の受容器は脊椎動物の味蕾（みらい）（後述）によく似た蕾状（らいじょう）感覚器です（図３-９）。蕾状感覚器は棘皮動物のナマコの触手などにも認められ、形状の類似は収斂進化（→ p.5）によると考えられます。貝類などの軟体動物では鰓（えら）に近いところに化学物質の感覚器があって、取り込む水の鮮度をモニターしています。鰓は水棲動物の呼吸器ですから、嗅覚器といえるでしょう。

昆虫の体表は細胞分泌液が作る**クチクラ cuticula** という膜で覆われていますが、クチクラが針や毛のようになったものを**クチクラ装置 cuticular apparatus** といい、その下に感覚細胞が集まって**感覚子 sensillum** を構成しています。感覚子には、化学物質を検出する味感覚子や嗅感覚子のほか、温度や湿度を検知する感覚子などもあります。摂食の際に用いられる味感覚子

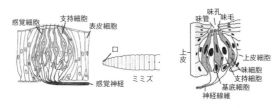

図３-９　ミミズの蕾状感覚器（左）と脊椎動物の味蕾[20]（右）

はハチやアリでは触角、ミツバチやゴキブリでは口器、チョウやが、ハエで
は前肢にあります（ハエが前足をこするのは、味感覚子の汚れを取っているので
す）。アゲハチョウのように、摂食の際に用いる味感覚子を産卵場所を決め
るのに用いる（孵化した幼虫が食べられる葉を選んで産卵する）昆虫もいます。
空気中の化学物質を感じる嗅感覚子は主として触覚周辺にあります。

　脊椎動物には、「嗅覚器」「一般化学受容器」「遊離化学受容器」「味覚器」
という 4 種類の化学受容器があります。魚類の嗅覚器は呼吸と無関係です
が、頭部のくぼみ（鼻嚢 nasal sac）にあることと、両生類・爬虫類・鳥類・
哺乳類の鼻の系統発生的起源であるためそう呼ばれています。鼻嚢からは外
部に 2 つ（円口類のヌタウナギでは 1 つ）の外鼻孔が開いています。鼻嚢にあ
る菊花弁状の組織（嗅房 olfactory rosettes）が嗅覚器として、この外鼻孔から
出入りする水の化学物質を検知します。左右の外鼻孔はそれぞれ前方が入
水、後方が出水を受け持つので、左右で合計 4 つ穴が開いています。肺魚で
は外鼻孔のうち出水孔が口腔中に取り込まれ、鼻からも空気呼吸ができるよ
うになりました。残った入水孔は両生類・爬虫類・鳥類・哺乳類で**鼻孔
nostril** となりました。これらの動物では、鼻孔から入った空気中の化学物
質は**鼻腔 nosal cavity** の嗅粘膜の表層（**嗅上皮 olfactory epithelium**）にある嗅
細胞によって検知され、脳の**嗅葉 olfactory lobe**（先端部は丸くなった**嗅球
olfactory bulb**）で処理されます。

　一般化学受容器は、酸・アルカリ・香辛料などの刺激性化学物質を感知す
るもので、触覚や痛覚が麻痺した状況でも生じることから、独立した感覚で
あると考えられています。陸生脊椎動物では口・鼻・目・肛門などの粘膜に
ある自由神経終末で感知されます。いっぽう、遊離化学受容器は、魚類や両
生類の一部の種において体表の広い範囲に 1 つずつ存在する感覚細胞で、そ
れが一ヶ所に集まって味覚器が誕生したと考えられています。脊椎動物の味
覚器は、複数の味細胞が花芽状（あるいはタマネギ状）に集結した**味蕾 taste
bud** で、口腔内（ヒトの場合は特に舌）に多く見られますが、ナマズでは全
身に味蕾があり、特にひげに密集しています。味蕾からの情報は延髄で処理
されます。

（2）嗅覚

　ヒトの眼にある光受容体は 3 種類ですが、ヒトの鼻には匂い分子に対する受容体（嗅覚受容体）が398種類もあります。嗅覚受容体の種類数（嗅覚受容体遺伝子の数）は動物種によって異なり、例えば哺乳類ではアフリカゾウ1,948、ラット1,207、オポッサム1,188、ウシ1,186、マウス1,130、ウマ1,066のように多い動物種もいれば、カモノハシ265、ミンククジラ60、バンドウイルカ12のように少ない動物種もいます（霊長類は約200〜400ですが、曲鼻猿類はオオガラゴの822など多めです[21]）。嗅覚受容体の種類が多いほど豊かな嗅覚世界にいるといえるかどうかはわかりませんが、それでもゾウとイルカの大きな差は無視できないでしょう。

　嗅覚は対象となる化学物質が無限にあり、受容体数も多いため、感度について単純に述べられません。また、嗅覚は刺激の呈示方法を標準化しづらく、感覚順応によって感度が鈍りやすいため測定が容易ではありません。こうした理由で、嗅覚感度を種間で厳密に比較することは困難ですが、目安として図 3-10をあげておきます。この図から脂肪酸の種類によって種差に違いがあることが明らかです。例えば、カプロン酸とエナント酸ではイヌはヒトより敏感で、それ以外だとヒトよりも劣るかほぼ同じです。しかし、この図は複数の実験報告をまとめたものですから、実験手続きのささいな違いが結果に影響しているかもしれません。この図のもとになったイヌの行動研究[22]に不備があるのかもしれません。イヌの嗅覚受容体遺伝子数はヒトの約 2 倍

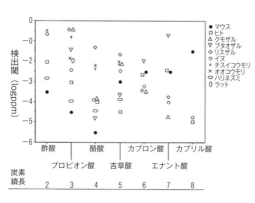

図 3-10　哺乳類の嗅覚閾値の比較[23]
行動的方法（弁別学習）により求めた閾値で、縦軸で 1 目盛低くなると感度が10倍よいことを意味します。例えば、マウスはイヌよりも酢酸感度が1,000倍よく、カプリル酸ではマウスよりイヌが1,000倍以上も鼻が利きます。酢酸は酢、プロピオン酸は腐った生ごみ、酪酸はチーズ、吉草酸は蒸れた靴下、カプロン酸はヤギ、エナント酸は腐った油、カプリル酸は生乾きの洗濯物、にそれぞれ似た匂いを呈します。

（811）ですし、嗅細胞の数は40倍の違い（イヌ2億個、ヒト500万個）があり、嗅細胞のある嗅上皮の面積はヒトの数十倍の広さです。[24][25][26]

　行動的研究でも、イヌのほうが優れた嗅覚を持つという報告があります。フォックステリア1頭の弁別学習（3つの穴のうち匂いのする穴を選ぶと砂糖が与えられる）の成績から得られた閾値を、ヒトの閾値と比較すると、イヌはヒトに比べて酢酸で1億倍、プロピオン酸で168万倍、酪酸で78万倍、吉草酸で171万倍、カプロン酸で500万倍、カプリル酸で444万倍鋭い嗅覚を持っていました。[27]丁子油の匂いの検出閾をイヌの唾液条件反射（→ p.84）の手続きで調べた研究でも、ヒトよりも100万倍優れていました。[28]ほかにも、イオノン（スミレの花に似た香り）で1,000〜1万倍、[29]酢酸アミル（バナナに似た香り）で5万倍以上、[30]ヒトより優秀だとの報告があります。

　ただし、ここでいう「○倍優れている」は、検出閾を単純に比率計算したものです。同じように比率計算すると、調香師は一般人に比べ1,000〜1,000万倍（化学物質によって異なります）感度がよいことになります。[31]いくら調香師の鼻がよいといっても、この数値には違和感があります。同様に、イヌの嗅覚の鋭さについても「ヒトより○倍優れている」という表現が適切かどうかよく考えるべきでしょう。

　鳥類は哺乳類よりも総じて嗅覚が悪く、例えば、ハトの酪酸検出閾は図3-10で最も低感度のリスザルよりも約50倍劣ります。[32]しかし、嗅覚感度は対象となる化学物質によって鳥類ごとに違いますし、[33]ひとまとめに劣っていると結論すべきでないかもしれません。[34]

　魚類には優れた嗅覚を持つ種がいます。特に、サケが生まれた川に産卵のため戻る（母川回帰 natal-river homing）際、[35]沿岸までは地磁気コンパスや太陽コンパス（→ p.68）を用いますが、どの川を選ぶかは嗅覚頼りです。[36]もし外鼻孔に詰め物をすると遡上率が極めて悪くなります。[37]サケは孵化した川を「匂いによる刷り込み」として憶えると考えられており、[38]刷り込まれた母川物質を魚類学者が行動実験や脳波測定で探っています。

（3）味覚

　対象となる化学物質が無限にあり、刺激呈示方法を標準化しづらく、感覚順応によって感度が鈍りやすいのは味覚も同じです。味覚感度の種間比較研究は嗅覚以上にありません。陸上脊椎動物のうちいくつかの動物種に関して、味覚受容体である味蕾の数をまとめると表3-1のようになります。

　しかし、味蕾の形状と機能は種によって異なり、同一個体内にも異なる味蕾タイプがあるため、その総数だけで味覚感度を決することはできません。また、哺乳類の味蕾は多くが舌にある（ヒトでは6～7割、ラットでは8割の味蕾が舌にある）ため、他の動物種でも舌の味蕾数を数えた研究をもとに味覚を論じてしまいがちですが、鳥類では舌以外の部位にも多くの味蕾があります。例えば、マガモでは味蕾は上顎に87％、下顎に13％で、舌には味蕾がありません。[39] ヒヨコでは上顎に69％、下顎に29％、舌に2％、[40] バリケン（カモ科の家禽）では口蓋に70％、口腔底部に28％、舌に2％、[41] ハシブトガラスでは上顎部に18.5％、下顎部に22％、舌根に59.5％です。[42]

　なお、哺乳類でも舌以外に味蕾が多い種もいます。ネコは餌を丸呑みしま

表3-1　さまざまな動物の味蕾数[43]

動物名	味蕾数	動物名	味蕾数	動物名	味蕾数
［魚類］		［爬虫類］		［哺乳類］	
アメリカナマズ	ひげ20,000	ガラガラヘビ	舌0	コウモリ	舌800
	唇3,000		（口中20）	ハムスター	舌723
	体表155,000	［鳥類］		ラット	舌1,438
サツキマス	全体15,319	ハト	舌37	マウス	舌523
	（口中9,443）	ウソ	舌47	イエウサギ	舌17,000
シビリ	口中24,600	ウズラ	舌62	ウシ	舌18,228
アカホシキンセンイチモチ	口中1,660	ニワトリ	舌24	ブタ	舌19,904
		ニワトリ（ヒヨコ）	口中316	ネコ	口中2,755
モツゴ	体表1,486	マガモ	口中375	イヌ	舌1,706
	口中6,600	バリケン（カモ科）	口中150	アカゲザル	舌8,000-10,000
		ハシブトガラス	口中537	ヒト	舌6,974

注：端数のある値は複数個体の平均値、概数は部分計数に基づく推定値です。味蕾数は同種の動物でも個体差があるほか、ヒト（新生児で10,000）のように成長に伴い減少する種もいるため表中の数字はあくまでも目安です。

Topic

ネコは甘味を感じない

　ネコが甘味を感じないことは行動的研究により以前から示唆されていましたが、この原因が味蕾の甘味受容体の変異であることが、比較的最近になって解明されました。表3-2は甘味受容体に変異がある動物とない動物をまとめたものです。

表3-2　味蕾の甘味受容体の変異の有無[45]

変異あり （甘味を感じないと思われる）	**ネコ科**：ネコ、トラ、チータ、ライオン、**ジャコウネコ科**：オビリンサン、**ハイエナ科**：ブチハイエナ、**マングース科**：フォッサ、**イタチ科**：コツメカワウソ、**アザラシ科**：ゼニガタアザラシ、**アシカ科**：オットセイ、**マイルカ科**：バンドウイルカ
変異なし （甘味を感じると思われる）	**イヌ科**：イヌ、ツチオオカミ、アメリカアカオオカミ、**ジャコウネコ科**：ジャネット、**ハイエナ科**：アードウルフ、**マングース科**：キイロマングース、コビトマングース、ミーアキャット、**イタチ科**：フェレット、カナダカワウソ、**クマ科**：メガネグマ、ジャイアントパンダ、レッサーパンダ、**アライグマ科**：アライグマ

すし、舌の味蕾数は473個[46]と少ないため、味覚が乏しいとされていました。しかし、その後の研究で口中全体にはその約6倍の味蕾があることがわかっています[47]。行動的研究でも、特に苦味に関しては鋭い感覚を持ち[48]、イヌよりも成績がよいという報告もあります[49]。味蕾の苦味受容体の遺伝子の働きを調べた研究では、ネコはイヌ・フェレット・ジャイアントパンダ・ホッキョクグマなどとほぼ同等でした[50]。ただし、ネコは甘味は感じません[51]。

　以上のように、味蕾数だけで味覚の感度を論じるには注意が必要ですが、それでも総じて、爬虫類や鳥類は「味音痴」であり、哺乳類、とりわけ草食動物は「味にうるさい」といえるでしょう。

　なお、動物の味の感覚・知覚研究は単純な味（甘味・塩味・苦味・酸味・旨味の5基本味）を用いたものがほとんどで、複雑な味の知覚に関する研究はあまり行われていません。

3．体性感覚

（1）体性感覚受容器の進化と構造

　身体表面への刺激や身体内部の刺激によって生じる感覚を**体性感覚 somatic sense** といいます。体性感覚は、ヒトの場合、触覚・圧覚・痛覚・痒覚（かゆみ）・温度覚（温覚・冷覚）などの**皮膚感覚 cutaneous sense** と、関節覚（運動覚・位置覚）・振動覚・深部痛覚などの**深部感覚 deep sense（固有感覚あるいは自己受容感覚 proprioceptive sense** ともいう）からなります。なお、空腹感・口渇感・吐き気・胃痛・尿意・便意などのように内臓の状態についての感覚（**内臓感覚 visceral sense**）は体性感覚に含める場合と、別に扱う場合があります。

　無脊椎動物のうち単純な身体構造を持つ種では、体性感覚とそれ以外の感覚（視覚・聴覚・化学感覚）が未分化です。腔腸動物（クラゲやイソギンチャクなど）や環形動物（ミミズやヒルなど）では、表皮や感覚毛に直結した感覚細胞によって、身体に与えられた運動刺激を検出しますが、深部感覚についてはよくわかっていません。いっぽう、昆虫には明確な体性感覚があり、体腔内にある有杆体によって表皮や関節へ与えられた刺激を触覚として感知しています。また、昆虫にはクチクラ装置や関節に触覚に特化した鐘状感覚子があって、触覚や関節覚をもたらし、筋繊維に伸び縮みを検出する伸長受容細胞が巻きついていて、鐘状感覚子とともに深部感覚を生んでいます。

　ゴキブリやコオロギは腹部末端（尻の先）から左右に各1本長く伸びた尾葉 cercus に空気振動を感じる体性感覚器を持ち、相手の動きを素早く察知できます。尾葉で感知した刺激が腹部神経節を経て肢に伝達されて逃げるまでの反応時間はゴキブリではわずか0.04秒です。[52]

　脊椎動物の皮膚は外部から順に、表皮・真皮・皮下組織からなり、①**自由神経終末 free nerve ending**、②**毛包受容器 hair follicle receptor**、③**被包性終末 encapsulated nerve endings**（ルフィニ小体・パチニ小体・マイスナー小体など）、④**メルケル細胞 Merkel cell** などが皮膚感覚の受容器となっています（図3-11）。触覚・圧覚にはこれらすべてが関わり、痛覚・痒覚・温度覚は自由神経終末が受容器です。哺乳類はこのすべてを持ちますが、鳥類・爬虫

類・両生類は毛包受容器を欠き、魚
類は自由神経終末が皮膚感覚受容器
です。

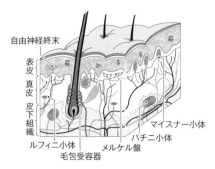

図3-11　哺乳類の皮膚感覚受容器
http://health.goo.ne.jp/medical/body/jin041

　図3-12はイヌのメルケル細胞の
体表分布です。この図から、口や鼻
だけでなく、足裏（肉球）も敏感で
あることがうかがえます。ヒトでは
より敏感で、唇・硬口蓋・掌・指・
足甲などで1cm² 当たり5,000を超
えています。[53]

　魚類を除く脊椎動物の深部感覚は、筋の伸長を感知する**筋紡錘 muscle
spindle**、筋の張力を検出する**ゴルジ腱器官 Golgi tendon organ**、関節の状態
（伸長と角度）を検知する被包性終末や自由神経終末によって生じています。
魚類では関節の自由神経終末が深部感覚器です。なお、魚類の場合、前述の
ように、水流を側線器の感覚毛で捉えて知覚します。これも身体表面への刺
激ですから、体性感覚ともいえます。

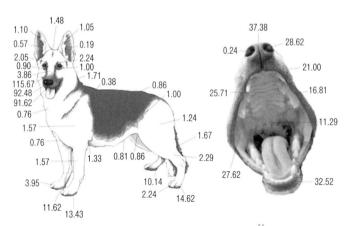

図3-12　イヌの皮膚基底部1cm² 当たりのメルケル細胞数[54]
犬種・年齢・体重・毛長・毛色・皮膚色・粘膜色が多様になるよう集められた21頭の平均値。

（2）特殊な触覚能力

体性感覚のうち外界認知において最も重要なのは多くの場合、触覚です。動物種によっては、ヒトと極めて異質な触覚の環世界を持ちます。そうした例を3つ取り上げましょう。第1の例は**ヒゲ感覚 whisker sense** です。ヒトのヒゲは体毛ですが、ヒト以外の多くの哺乳類の顔に生えているヒゲは**触毛 vibrissa**（感覚毛、洞毛）で、皮膚感覚を脳に伝える三叉神経が神経孔から皮膚に出てくる上唇・眉・頬(ほお)・顎(あご)・咽(のど)に生えています。触毛は横紋筋によって自由に動かせます。このため、触れられたという**受動的触覚 passive touch** だけでなく、積極的に物体を探る**能動的触覚 active touch** も可能です。

触毛は夜行性の原始哺乳類で特に発達しています。ジャコウネズミでは吻(ふん)先(さき)から放射状に生える触毛が前から見た体の大きさとほぼ同じであり、穴が通り抜けられる大きさかどうか判断できます。有袋類やキツネザルでは手首（小指側）や肘(ひじ)などにも触毛があり、自分の体幅を知る役割をしています。ラットの触毛を切ると、切った本数に応じて狭さを正しく知覚する成績が低下するという実験もあります。[55]

2つ目の例はモグラです。彼らは地下生活者ですから視力はほとんどありませんが、鼻の先端に**アイマー器官 Eimer's organs** と呼ばれる乳頭状隆起を多く持ち、ミミズなどの餌の動きを触覚で察知します。アイマー器官の基部にはメルケル細胞や被包性終末があります。[56] こうした触覚器は他の動物にもありますが、それらが整然と配列して構成されたアイマー器官は、モグラ科動物の鼻先に特有です。[57]

鼻先の感覚がとりわけ鋭いのは北米の湿地に暮らすホシバナモグラです。このモグラは、鼻先から22本の肉質突起が星のように広がっています（図3-13）。星鼻の表面積は 1 cm² 弱ですが、25,000個以上のアイマー器官があって、10万本以上

図3-13　ホシバナモグラの鼻
https://www.inaturalist.org/photos/109056732

の神経線維が走っており、1秒間に12ヶ所以上の場所を能動的に接触して、5個の餌を確認できます[58]。

第3の例はゾウです。彼らは20Hz以下の超低周波の音を聞き取ることができ[59]、そうした低周波の音声も会話で使用しています[60]。空気振動である音は野外では風によって容易に減弱しますが、ゾウの音声や足音によって生じた大地の震動は、音声で16km、足音で32km離れた地点まで伝わるようです[61]。このため、ゾウは低周波を大地の震動としても知覚していると考えられています[62]。ゾウの脚には踵（かかと）に厚い脂肪組織があり、これによって振動を増幅しています。振動が骨伝導によって耳小骨に伝わる場合は聴覚といえますが、これに加えて踵には多くのパチニ小体があって[63]、触覚としても振動をとらえています。

（3）痛覚

ヒトでは痛覚は皮膚の自由神経終末で受容します。脊椎動物は皮膚に自由神経終末を持ちますが、それだけで痛みの感覚があると断言できません。自由神経終末は痛覚以外の皮膚感覚の受容器でもあるからです。しかし、以下のような実験から魚類でも痛覚があると考えられます。

ニジマスの口周辺にハチ毒や酢酸を注射すると、ニジマスは鰓（えら）の開閉数を倍増させ、身を大きくくねらせ、水槽の底の砂利に口をこすりつけます[64]。なお、こうした行動はモルヒネ（ヒトを含む哺乳類にとって鎮痛剤です）によって、大きく減ります[65]。また、ニジマスの口部周辺には侵害刺激の受容体があり、三叉神経によって脳につながっています。

脊椎動物以外の動物も痛みを感じている可能性があります。例えば、エビの触覚に酢酸を塗布すると水槽の壁にこすりつけますが、事前に鎮痛剤を注射しておくとこの行動はあまり見られません[66]。こうした実験から、十脚目（じっきゃくもく）（エビ・カニ・ザリガニの類）にも痛覚があるとされます[67]。また、鎮痛作用を持つ脳内物質であるエンケファリンやβ－エンドルフィンは、脊椎動物の脳だけでなくミミズの脳神経節からも見つかっています[68]。鎮痛作用を持つ物質が体内にあることは、痛覚が存在している傍証となります。

column ■ フェロモン感覚

　フェロモン pheromone とは動物の体内で作られ、分泌放出されて、同種他個体に特異的な行動や生理的効果を引き起こす物質です。[69] フェロモンという言葉が提唱された1959年、化学者ブテナント（A. F. J. Butenandt）は、カイコガの雌から雄の誘引物質を抽出し、**ボンビコール bombykol** と名づけました。これが化学構造が明らかにされた最初のフェロモンです。カイコガのメスは尾端の性誘引腺からボンビコールを含む袋を膨らませて出して振ります。メス１匹が有するボンビコールは10 μg（１億分の１ g）で、10億匹のオスを引きつけられます。なおカイコガは家畜化された虫で飛行能力を持ちませんが、近縁のオナガミズアオでは11 km離れた地点からフェロモンを感知できるようです。[70] 昆虫のフェロモンについては、害虫駆除の実用的目的もあって多くの研究が行われ、各種の物質の化学構造が特定されています。[71]

　フェロモン感覚は嗅覚の一種ですが、刺激―反応関係に特異性（特定性）があり、嗅覚器とは異なる感覚器によって受容されるため、通常の嗅覚（主嗅覚）とは別の感覚（副嗅覚）として取り扱われます。フェロモンは昆虫では触角、両生類・爬虫類・哺乳類では**鋤鼻器 vomeronasal organ**（ヤコブソン器官 Jacobson's organ）によって感知されます（図3-14）。ウマなどの奇蹄目、ウシなどの偶蹄目、ネコ科動物などは空気中のフェロモンを鋤鼻器に取り入れやすくするため、**フレーメン flehmen** という唇を引き上げる表情をします。

　魚類には鋤鼻器はありませんが、生殖や攻撃などの生得的行動を引き起こす嗅覚物質をフェロモンと呼んでいます。両生類には鋤鼻器がありますが、その機能はまだよくわかっ

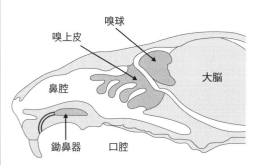

図3-14　イヌの主嗅覚系受容器である嗅上皮と副嗅覚系受容器である鋤鼻器

鋤鼻器の位置は種によって異なり、口蓋（口腔の上部）または鼻腔側に開口部があります。イヌやネコなどでは口蓋部の門歯（前歯）の裏に開口しますが、ネズミ科動物は口腔側に開口部があります。

ていません。鳥類や水生爬虫類（ワニやカメ）では鋤鼻器は退化しています
が、ヘビやトカゲの鋤鼻器は主嗅覚系以上の働きをしています。ヘビやトカゲ
が舌をチラチラさせるのは、空気中の匂い物質を舌に吸着させて、鋤鼻器に運
んでいるのです。コウモリや水生哺乳類の鋤鼻器は退化しています。ヒトの鋤
鼻器も痕跡しか残っておらず、そこから脳につながる神経も見つかっていませ
ん。

　フェロモンが同種他個体に及ぼす影響は、2種類に大別できます。1つは、
対象への接近や回避など種特異的な生得的行動を直ちに引き起こす**リリーサー
（解発 releaser）効果**です。哺乳類の場合は経験の影響も加わるので、**シグナ
リング（信号 signaling）効果**と呼ぶことがあります。性フェロモン、攻撃フェ
ロモン、警戒（警報）フェロモン、集合フェロモン、道標フェロモン（他個体
に経路を辿らせる）などはこうしたリリーサー効果を持ちます。

　もう1つは、ホルモン変化による長期的で生理的な影響を行動に及ぼす**プラ
イマー（起動 primer）効果**です。女王バチが働きバチの卵巣発達を抑制する
階級分化フェロモン（**女王物質 queen substance**）の働きや、主としてマウス
で詳しく研究されている生殖に関する諸効果が知られています（表3-3）。

表3-3　実験用マウスで確認されたフェロモンの効果

名　称	現　象
リー＝ブート効果 Lee-Boot effect	雌だけで飼育していると発情が抑制（周期が延長）される。 ◆ハタネズミ・ブタ・マーモセット・タマリンなどでも確認
ホイッテン効果 Whiten effect	雄の匂いで雌集団の発情が促進（周期が短縮）し、同期する。 ◆ハタネズミ・ヤギ・ヒツジでも確認
ヴァンデンバーグ効果 Vandenbergh effect	雄の匂いで雌の性成熟が早期化する。 ◆ラット・ウシ・ブタ・ヤギ・ヒツジ・タマリンなどでも確認
ブルース効果 Bruce effect	雄との交尾後に（受精卵の着床前に）、雄を別雄に交換すると、雌マウスの妊娠が阻害される。「匂いによる子殺し」。 ◆ハタネズミ・レミング・ライオンなどでも確認

注：効果名はそれを報告した研究者の名前です。

◆さらに知りたい人のために

○添田秀男（編）『イルカ類の感覚と行動』恒星社厚生閣　1996

○森満保『驚異の耳をもつイルカ』岩波科学ライブラリー　2004

○高木堅志郎『コウモリのヒソヒソ話—超音波今昔』裳華房　1989

○谷口和美・谷口和之『味と匂いをめぐる生物学』アドスリー　2013

○新村芳人『嗅覚はどう進化してきたか—生き物たちの匂い世界』岩波科学ライブラリー
　　2018

○小山幸子『匂いによるコミュニケーションの世界—匂いの動物行動学』フレグランス
　　ジャーナル社　2008

○ホロヴィッツ『犬から見た世界—その目で耳で鼻で感じていること』白揚社　2012

○ホロヴィッツ『犬であるとはどういうことか—その鼻が教える匂いの世界』白揚社
　　2018

○上野吉一『グルメなサル香水をつけるサル—ヒトの進化戦略』講談社選書メチエ　2002

○上田宏『サケの記憶—生まれた川に帰る不思議』東海大学出版部　2016

○入江尚子『ゾウが教えてくれたこと—ゾウオロジーのすすめ』化学同人（DOJIN選書）
　　2021

○ブレイスウェイト『魚は痛みを感じるか？』紀伊國屋書店　2012

○市川眞澄・守屋敬子『匂いコミュニケーション—フェロモン受容の神経科学』共立出版
　　2015

○桑原保正『性フェロモン—オスを誘惑する物質の秘密』講談社選書メチエ　1996

○神崎亮平『サイボーグ昆虫、フェロモンを追う』岩波科学ライブラリー　2014

第4章❖本能

本能 instinct とは、動物の内部にあると想定される、行動を引き起こす生得的なメカニズムまたは衝動です。[1]「米国心理学の父」ジェームズ（W. James）は、ヒトを含む動物のさまざまな生得的傾向を本能として論じました。[2] いっぽう、パヴロフ（→ p. 9）は、本能は反射に過ぎず、動物行動の記述や説明に用いるべきでないと述べています。[3] また、動物心理学者郭任遠（Z.Y. Kuo）は、ネコのネズミ捕殺のような本能的だと見なされる行動も経験の効果が大きいことを実験的に示し、本能概念は不要だとしました。[4]

こうした本能否定・不要論に対し、動物行動学者の多くは本能概念の意義を認めています。具体的には、遺伝的に決定された**固定的動作パターン fixed-action pattern** を本能行動とし、その背後に**生得的解発機構 innate releasing mechanism** を想定しました。つまり、内的衝動が高まっているとき、これを解き放つ刺激（**解発子 releaser**）によって生じる定型的反応が本能行動です。解発子は**信号刺激 sign stimulus**（**鍵刺激 key stimulus**）とも呼ばれます。ネコにとってネズミは捕食行動の解発子だと考える動物行動学者は、上述の郭の研究は非自然的な実験状況で行われたものだと批判しました。[5]

学習の機会を与えない**隔離実験 isolation experiment** を行えば、純粋な本能行動を抽出できるように思えます。しかし、隔離実験は遺伝と経験の相互作用を単純化しすぎています。[6] 心理学者で鳥類学者の**クレイグ**（W. Craig）は、本能とされる行動を、遺伝に基づきながら経験やその場の環境に応じて変容する**欲求行動 appetitive behavior** と、遺伝に強く規定された**完了行為 consummatory act** に分けました。[7]

本能という言葉は行動を説明する概念ではなく、行動の記述として使うことができます。つまり、**生得的行動 innate behavior** のうち、衝動に基づく複雑な行動だけを**本能的行動 instinctive behavior** とし、身体の特定部位の単純反応である**反射 reflex** や、対象物に対する単純な接近・逃避行動である**走性 taxis**（→ p. 77）と区別するのです。

1. 動機づけ

　本能論に否定的な学者の多くも、動物の行動が何らかの衝動に基づいていることを否定しているわけではありません。衝動を意味する心理学用語に、**動因 drive** という言葉があります。これは心理学者**ウッドワース**（R. S. Woodworth）が提唱した概念で、機械を動かす原動力になぞらえたものです[8]。例えば、空腹のラットでは一般的活動性が高まり、餌を探すようになります。このように、動因は、行動を賦活し、方向づける機能を持ちます。また、たまたまある行動をして食物が得られれば、その行動を繰り返すようになります。ハル（→ p. 12）やその弟子の**ミラー**（N. E. Miller）らはこれを**動因低減 drive reduction** による**強化 reinforcement** と呼びました。食物や水など動物にとって重要なものを**剥奪 deprivation** すると、**欲求（必要）need** が生じ、それが動因をもたらします。このとき、食物のように環境内にある対象物を**誘因 incentive** といいますが、その**価値 valence** は動因の強さだけでなく、誘因自体の見た目や匂い、味、口当たり、過去経験にも依存します（例えば、栄養価のある食物はその後、好まれるようになります）。こうした一連の作用が**動機づけ motivation** です。動因には食物・水・酸素・異性などのほかに、好奇心も含まれます。

　動機づけの強さを比較した古典的研究として、動物心理学者**ワーデン**（C. J. Warden）が1931年に発表した実験があります[9]（図4-1）。この図は、目標箱に

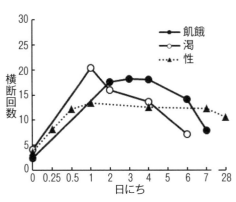

図4-1　ラットにおける動機づけ強度

誘因（飢餓動因条件は粉餌、渇動因条件は水、性動因条件はメス）をおき、オスラットが出発箱を出て弱電流通路を横断して目標箱にいたった回数です。長期間の剥奪で横断回数が増えており、動機づけが強くなっていることを示しています。ただし、剥奪が長すぎると衰弱などによって横断回数が低下します。

2．情動

　「本能的」という言葉は「非
知性的」という意味で用いられ
ることがあります。哲学や心理
学では、非知性的な心の側面は
19世紀初め頃には**情動 emotion**
と呼ばれるようになりました。[10]
現代心理学では、刺激に対する

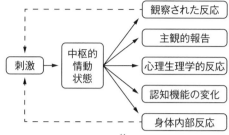

図4-2　動物情動のモデル[11]

諸反応（情動体験）とその言語化をもって情動とするのが一般的ですが、動
物は言語能力を欠くため、動物の情動研究では、刺激と諸反応の間に中枢的
情動状態を仮定した単純なモデル（図4-2）が採用され、中枢的な情動状
態の反映と考えられる反応（接近・回避・興奮・鎮静、神経伝達物質やホルモ
ンの変化など）が見られるかどうかが吟味されます。神経科学者**パンクセッ
プ**（J. Panksepp）は、7つの原始情動（探索・怒り・恐怖・性欲・世話・悲し
み・遊び）はすべての脊椎動物にあるとしています。[12] 快や不快の情動につい
ては、昆虫のような無脊椎動物でも、その存在を仮定した研究が進められて
います。[13]

　ヒトでは重要な試合や試験の前に体温が1度弱上昇します[14]（**情動熱
emotional fever、ストレス誘導性体温上昇 stress-induced hyperthermia**）。生理心
理学者**カバナク**（M. Cabanac）は、動物を持ち上げておろすという単純な方
法で情動熱が生じるかどうかテストし、爬虫類（イグアナ）・哺乳類（ラッ
ト・マウス）で体温上昇を確認しました。いっぽう、カエルやキンギョでは
体温上昇が見られなかったことから、両生類や魚類には情動がないと結論
し、情動は爬虫類が両生類から分岐した際に誕生したと主張しました。[15] この
説にしたがえば、情動は約3億年前に誕生したことになります。後にカバナ
クは情動こそ意識だとして、動物の意識の起源をこの時点に求めました。[16] し
かし、魚類（ゼブラフィッシュ）でも情動熱が生じるとの報告があります。[17]
なお、鳥類は爬虫類から進化したもので、鳥類（ニワトリ）にも情動熱が見
られることがその後の研究で示されています。[18]

３．本能的行動

　本能的行動は、その機能によって分類できます。本章では摂食・性・帰巣・渡り・回遊に関する本能的行動を取り上げ、コミュニケーション（→ p. 118）、育仔（→ p. 186）、縄張り防衛（→ p. 163）については他章で紹介します。

（１）摂食行動

　深海底の熱水噴出孔付近にすむシロウリガイやチューブワームは、体内に硫黄酸化細菌を持ち、それが熱水中の硫化水素を酸化して得るエネルギーを利用して生きているため、食物を必要としません。しかし、ほとんどの動物は定期的に外界から栄養を摂取しなければなりません。ただし、摂食頻度は動物種や環境によって異なります。エネルギーの乏しい草を食む動物は、ほとんどの時間を摂食に費やします。いっぽう、大型鯨類の多くは、数ヶ月の繁殖期をほとんど食べずに過ごします。深海にすむダイオウグソクムシは、鳥羽水族館で５年１ヶ月にわたり何も食べずに生き永らえたことが2014年2月にマスコミ報道されました。

　動物は、何を食べるかによって**肉食動物 carnivore**、**草食動物 herbivore**、**雑食動物 omnivore** に分類できます。肉食動物は、自分で獲物を捕獲する**捕食者 predator** と、他の肉食動物が殺したり、自然死した動物の屍肉を食べる**屍肉食者 scavenger** に分けられます。いっぽう、草食動物は哺乳類の場合、足元の草を根こそぎ食べる**グレイザー grazer**（ウシやヒツジなど）と、草の葉の先端や木の葉や芽・果実・樹皮などをつまみ食いする**ブラウザー browser**（キリンやヤギなど）に分けることがあります。

　食べる対象（餌）が動物であれ植物であれ、多くの動物は餌を求めて移動します。どこでどの餌を得るかという選択を**採餌戦略 foraging strategy** といいます。餌の密集する場所（**パッチ patch**）が複数あるときは、どのパッチを選ぶか（近くて餌が豊富で天敵の少ないパッチがよい）、いつまでそのパッチに滞在するか（食べて餌が少なくなると、次のパッチに移動すべき）の判断が必要になります。どの餌を食べるかについても、捕獲や摂食に要するコスト（時間や運動量）と成功率、餌の質（味やカロリーなど）をもとに決定されます。

（2）性行動

　動物種や性によっては性衝動に周期性が見られ、繁殖期が明確な動物では性衝動に季節性があります（→ p. 75）。性衝動の高まりは行動を全般に賦活するだけでなく、種に特有な**性行動 sexual behavior**（配偶行動 mating behavior）を引き起こします。性行動は異性を誘引する**求愛行動 courtship behavior** から始まります。求愛行動は動物種によって異なり、視覚（**求愛ダンス courtship dance**）や聴覚（**求愛音声 mating call**）に訴えたり（→ p. 120）、フェロモンを発したり（→ p. 60）、餌を与えたり（鳥類の**求愛給餌 courtship feeding**、昆虫類の**婚姻贈呈 nuptial gift**）します。

　複数の雄が求愛場所（レック）に集まり、そこを訪れる雌に選んでもらう**レック繁殖 lek mating** の形態をとる種もいます。例えば、動物園にいるクジャクの雄は 1 羽で羽を広げますが、野生ではしばしば複数の雄が美しい羽を広げて雌にアピールします。甲殻類ではシオマネキ、昆虫類ではガやチョウ、魚類では口の中で稚魚を育てることで知られるカワスズメ、鳥類ではライチョウやマイコドリ、哺乳類ではシカやコウモリといった動物がレック繁殖をする代表的種です。なお、レック繁殖に限らず、多くの動物種では雌が雄を品定めします（性選択、→ p. 4）。例えば、コクホウジャクの雌は長い尾羽を持つ雄を選びます[19]。

　求愛に成功すると、哺乳類・鳥類・爬虫類では生殖器を結合する**交尾行動 copulating behavior** が行われます。両生類のカエル（無尾類）は交尾しませんが、産卵する雌を抱え込み放精します（**包接 amplexus**）。この際、1 匹の雌に多数の雄が群がります（カエル合戦）。同じ両生類でもイモリ（有尾類）では、雄が精子の入った袋（精包）を産み落とし、それを雌が総排泄孔から取り込んで受精します。魚類のほとんどの種は交尾せず、雌が産んだ卵の近くで雄が放精しますが、サメやエイ、グッピー、カサゴなどは交尾によって受精します。ハエなど昆虫の多くの種は精子注入する交尾を行いますが、精包を生殖器に挿入する種（トンボやカマキリなど、昆虫以外ではエビやカニ）や、雄が精包を産み落として雌が拾う種（トビムシなど、昆虫以外ではサソリ）もいます。

（3）定位行動と帰巣行動

　動物が特定の方向に感覚器や体軸を向けることを**定位 orientation** といいます。その最も単純な形式は走性や定位反射です。走性は刺激に対する単純な全身移動、定位反射は刺激源に感覚器を向ける身体部位の運動で、いずれも生得的行動ですが、動機づけの影響をほとんど受けないため、本能的行動には含めません。すでに述べた摂食行動や性行動なども餌や配偶相手に対する方向性を持つ場合は定位行動ですが、これらは動機づけの影響を受けます。

　目標が近距離にある場合は視覚によって定位可能です。多くの動物種が、目立つ建物や山脈・河川・海岸線などの地形を**ランドマーク（標識）landmark** として利用しています。また、アリは他個体の残した道標フェロモン（→ p.61）を頼りに方向を決めます。空飛ぶ鳥も森の香りを含めさまざまな嗅覚手がかりを用いることがあります。

　しかし、遠距離の目標は直接感知するのが困難です。極めて優れた視力を持っていたとしても遠距離を望むことは不可能です。このため、動物は長距離の帰巣 **homing** や渡り（→ p.70）では太陽や星座、地磁気を手がかりに定位し、**航路決定 navigation** することになります。これらを可能にする神経行動的メカニズムを**太陽コンパス sun compass**、**星座コンパス star compass**、**地磁気コンパス magnetic compass** といいます。

　太陽コンパスに関する実験では、ホシムクドリは渡りの季節になると旅立つ方角に向きがちになりましたが、曇天の日はそうした傾向を示さず、太陽光の入射角を鏡を使って変えると、向く方角もそれに応じてずれました[20]。ミツバチの尻振りダンスによる餌場に関するコミュニケーション（→ p.122）も、ミツバチが太陽の位置を手がかりとした定位をしていることに基づいています。昆虫は太陽の位置をその偏光（→ p.25）から把握できます。なお、天空内の太陽の位置は時間や季節によって異なるため、太陽コンパスを用いるには体内時計（→ p.74）を用いた補正が必要です。なお、コンパスには太陽の位置だけでなく、太陽が作り出す陰の手がかりや偏光も作用します[21]。

　夜間に長距離移動する動物では星も重要な定位手がかりになります。例えば、北米のルリノジコは北極星を中心とする北天の星座を手がかりに、季節

によって向かう方角を決めることが、図4-3のような装置を用いて確認されています。北アフリカの甲虫スカラベ（フンコロガシ）は、月や北極星を中心とした星の動き、天の川などを手がかりに糞を押す方角を決めて巣穴に運びます[22]。

　ミツバチやハトは地磁気コンパスを持ちます。ミツバチは腹部のクチクラの下に直径0.005ミリの鉄の顆粒が多数あり、これが磁場に反応します[23]。ハトは頭部に0.1μg（1,000万分の1g）の鉄粒が約1億個存在すると推定されています[24]。特に、内耳のラゲナ（→p.43）に多くの鉄分が含まれており、ラゲナの神経を切断したりその周辺に磁石を取り付けると帰巣行動が障害されます[25]。ハトレースでは鳩舎から数百km、時には千km以上も離れた地点からハトを放ち、帰巣するまでの時間を競いますが、レース中に磁気嵐（地磁気異常）が生じると帰還率が低下します。なお、魚類ではキハダマグロの脳に地磁気コンパスの存在が指摘されており、回遊（→p.71）に用いられていると考えられています[26]。

　太陽、星座、地磁気のいずれを手がかりに定位するかは、動物種や環境によって異なり、複数のコンパスを同時に用いている可能性もあります。上述のようにハトの帰巣は地磁気コンパスに基づきますが、太陽コンパスを利用しているとの実験報告もあります[27]。ヨーロッパの砂浜にすむハマトビムシは日中は太陽、夜は月を定位に用いていることが確かめられています[28]。

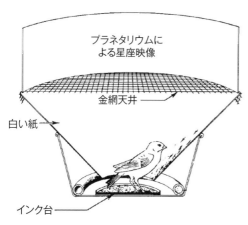

プラネタリウムに
よる星座映像

金網天井

白い紙

インク台

図4-3　星座コンパスの実験[29]

鳥は漏斗型の容器の底でプラネタリウム映像を仰ぎ見ます。鳥が向かう方向と頻度は円錐部内側に貼られた白い吸取紙に黒インクの足跡として記録されます。この装置は考案者の名から**エムレン漏斗** **Emlen funnel** と呼ばれています。

（4）渡り行動

　日本には春になるとツバメが南から飛来し、秋には去ります。入れ替わるようにカモ（ガン）が北から訪れ、春には帰還します。こうした渡り migration も目標が遠距離にある定位行動です。渡りに要する日数は種によって異なり、例えばツバメは餌となるカやハエの発生に連れて北上するため、日本国内の移動だけでも九州から北海道まで移動するのに 1 ヶ月以上要します[30]。いっぽう、オオソリハシシギはアラスカからニュージーランドまで 1 万 1,000 km を一度も休むことなく 8 日間（平均時速にすると約60km/h）で移動します[31]。ハクチョウやツルのように大型で天敵に襲われにくい鳥は日中に、ツグミやホオジロのような小型の鳥は夜間に渡りをしがちです（ただし、ツバメのように速く飛ぶ鳥は日中に渡りを行います）。

　ウォレス（→ p.8）は、餌を求めて移動した個体が生き残ったために遠距離を飛ぶ鳥が自然選択されたと論じています[32]。ティンバーゲンの 4 つの問い（→ p.15）でいえば、渡り行動の進化要因は餌ということになります。しかし、シギやチドリは餌がふんだんにあっても、渡りの準備を始めます。これは、気温や日長、内因性の概年リズム（→ p.74）が渡り行動の直接の引き金になっていることを示唆しています。なお、渡りに先立ち、特に夜間に活動性の増大が見られます（**渡りのいらだち migratory restlessness, Zugunruhe**）。この時期に採餌行動が増加して脂肪が蓄積され、長旅に備えた体になります。

　アキアカネ（赤とんぼ）は平地の田や池で孵化し、夏に高山で避暑し、秋に平地に戻って交尾・産卵し、生涯を終えます。移動距離は高低差 1 km 以上、水平距離で数十 km です[33]。また、サバクトビバッタやトノサマバッタなどのトビバッタ類（飛蝗）は、個体密度が高くなると、体色が暗く、翅が長く、脚が短い個体が生まれるようになります（孤独相から群生相への**相変異 gregarization**）。ときに数百億匹もの群れをなして穀物を食い荒らしながら移動します（**蝗害 locust plague**）。いわゆる「イナゴの大群」ですが、イナゴはトビバッタではなく、そうした習性はありません。英語の locust（トビバッタ）が「イナゴ」と誤訳されたものです。こうした大移動も渡りと呼ばれます（トビバッタの別称は**ワタリバッタ migratory locust** です）。

（5）回遊行動

　「渡り」の英語は migration ですが、この英語には飛行による渡り移動だけでなく、水生動物（魚類・大型鯨類・ウミガメ・イカなど）が、餌を探し、産卵し、あるいは適温を求めて、生息域を大きく変える回遊も含まれます。例えば、魚の回遊は英語で fish migration といいます。ここでは、詳しく調べられている魚類の回遊について紹介しましょう[34]。

　海水と淡水を行き来する**通し回遊魚 diadromous fish** には、海で生まれ川で育ち産卵のため海に戻る**降河回遊魚 catadromous fish** と、川で生まれ海で育ち産卵のため川に戻る**遡河回遊魚 anadromous fish** がいますが、前者は少なく（ウナギやアユカケなど）、後者がほとんどです。これは、総じて海のほうが餌が豊富で成長に適しているためでしょう（ただし海には捕食者も多くいます）。遡河回遊魚のうちシシャモ・イトヨ・シロザケ・カラフトマスなどは産卵後に多くの個体が海に下りますが（降海型）、自然の地形変化（川がせき止められて湖になるなど）によって淡水で一生を終えるようになった種にイワナ・ニジマスなどがいます（陸封型）。ワカサギなどは生息条件によって、降海型と陸封型の両方がいます。なお、同種であるにもかかわらず降海型と陸封型で身体的特徴が大きく異なるため、標準和名が異なる種もいます。例えば、*Oncorhynchus nerka* は降海型がベニザケ、陸封型がヒメマスであり、*Oncorhynchus masou* は降海型がサクラマス、陸封型がヤマメです。通し回遊魚のうち産卵とは関係なく海水と淡水を往来するのが**両側回遊魚 amphidromous fish** で、アユやハゼがこれにあたります。

　海水または淡水のいずれかのみで回遊する魚もいます。外洋で長距離回遊するマグロ・カツオ・ブリ・ハマチや、近海で短距離回遊するアジ・イワシ・サバ・サンマなど青魚が**海水回遊魚 oceanodromous fish** です。タラ・マダイ・ヒラメ・ボラ・スズキなど沿岸で移動する魚も含めることもありますが、これらの中にはほとんど移動しない「居つき」個体も多く見られます。なお、大回遊を行う魚種は筋肉に色素蛋白が多く赤身で、沿岸性の魚種は白身です。**淡水回遊魚 potsamodromous fish** には、河川のみで回遊するオイカワ・アユモドキ、湖沼のみで回遊するイサザ・ビワマスなどがいます。

4．睡眠と生物リズム

（1）睡眠

昼間活動して夜間に休息・睡眠するのが**昼行性動物 diurnal animal**、その逆が**夜行性動物 nocturnal animal** です。また、明け方や夕暮れに最も活動するのが**薄明薄暮性動物 crepuscular animal** です。無脊椎動物では活動と休息の日周リズムが見られるものの、休息時を睡眠と呼ぶかどうかは研究者間で意見が分かれますが、複雑な神経系を持つ種（昆虫類など）では睡眠と呼ぶことが多いようです。脊椎動物の睡眠状態は覚醒時よりもゆるやかな脳波の出現や行動観察（不動状態）によって判断されていますが、研究者間で見解が割れることも少なくありません[35]。

なお、ヒトでは睡眠時に意識の消失という主観的体験を伴いますが、動物では意識の存在が確認できないため、意識消失を睡眠の定義にできません。また、睡眠時姿勢は動物種や個体によって異なり、横たわるものもいれば、立ったままのものもいます。例えば、フラミンゴは片足立ちで眠り、多くの魚類は横たわりません。

表4-1は哺乳類の睡眠時間です。体重当たりの消費カロリーが大きい小型動物や運動量が多い動物は、疲労回復とカロリー消費抑制のため、長い睡眠時間が必要です。また、肉食動物は草食動物より睡眠時間が長い傾向にあります（肉は高カロリーですから、獲物を捕食したら睡眠を含む休息に長い時間を当てられます）。いっぽう、草食動物は肉食動物の獲物となりやすく、繊維質が多く低カ

表4-1　哺乳類の睡眠時間[36]

動物名	日内睡眠総量（時間）	日内レム睡眠総量（時間）	レム睡眠の割合（％）	動物名	日内睡眠総量（時間）	日内レム睡眠総量（時間）	レム睡眠の割合（％）
コチャイロコウモリ	19.9	2.0	10.1	チンパンジー	9.7	1.4	14.4
イタチオポッサム	19.4	6.6	34.0	リスザル	9.6	1.4	14.6
ヨザル	17.0	1.8	10.6	ブタ	9.1	2.4	26.4
トラ	15.8	—	—	キタオットセイ	8.7	1.4	16.1
ミツユビナマケモノ	14.4	2.2	15.3	ハリモグラ	8.6	0.0	0.0
ゴールデンハムスター	14.3	3.1	21.7	ウサギ	8.4	0.9	10.7
ライオン	13.5	—	—	ヒト	8.0	1.9	23.8
ラット	13.0	2.4	18.5	ハイイロアザラシ	6.2	1.5	24.2
マウス	12.5	1.4	11.2	ヤギ	5.3	0.6	11.3
ネコ	12.5	3.2	25.6	アメリカバク	4.4	1.0	22.7
バンドウイルカ	10.4	0.0	0.0	ウシ	4.0	0.7	17.5
ホシバナモグラ	10.3	2.2	21.4	ヒツジ	3.8	0.6	15.8
ヨーロッパハリネズミ	10.1	3.5	34.7	ロバ	3.1	0.4	12.9
マカク属サル4種	10.1	1.2	11.9	ウマ	2.9	0.6	20.7
イヌ	10.1	2.9	28.7	キリン	1.9	0.4	21.1

ロリーの草は長時間食べ続けねばなりませんから、長く眠っていられません。

　脳波測定から、イルカやクジラ、アシカ、マナティーは、大脳の左半球と右半球を別々に休ませることがわかっています[37]。このため長時間泳ぎ続けられるわけです。こうした**半球睡眠 unihemispheric sleep** は鳥類の多くの種でも可能で、眠っている半球とは反対側の眼を閉じます。脳の半分が常に起きていることは、天敵の警戒や長時間の飛行（渡り）に有用です。なお、オオグンカンドリは最長10日間の渡りを行いますが、両半球とも睡眠状態（つまり完全に眠っている状態）でも、飛び続けていたとの報告があります[38]。

（2）レム睡眠

　脳の活動が比較的高い睡眠状態を**逆説睡眠 paradoxical sleep** といい、ヒトでは眼球の急速な運動 rapid-eye movement（REM）が確認されるため、**レム睡眠 REM sleep** ともいいます。レム睡眠は日中経験した記憶の定着に関わるとされますが、レム睡眠でない睡眠状態（**ノンレム睡眠 non-REM sleep**）のほうが記憶定着に重要だとの見解が近年では優勢のようです[39]。魚類や両生類はレム睡眠とノンレム睡眠が区別できない原始睡眠型、爬虫類は分化の兆しがある中間睡眠型、哺乳類と鳥類は明瞭に分化している正睡眠型です。ただし、鳥類のレム睡眠は短く、眼球の急速運動を伴いません。

　哺乳類84種の睡眠の量と質に関する総説[40]によれば、総睡眠時間に占めるレム睡眠の割合は動物種によって異なるものの概ね10〜30％ですが、ハリモグラや鯨類ではレム睡眠は見られないようです。また、アジアゾウは3.9時間の睡眠のうち1.8時間（46％）がレム睡眠である可能性が指摘されています[41]。

　古代ローマの詩人ルクレティウスは、眠っているイヌの肢の動きを見て、ウサギを追いかける夢をみているのだとしました。ラットでは睡眠中に迷路内を走る追体験をしている（夢を見ている）可能性が指摘されています[42]。レム睡眠中の海馬（空間学習の脳中枢）の活動パターンが、入眠前に従事していた迷路課題中のものと似ていたからです。ヒトではレム睡眠時に起床させるとしばしば「夢を見ていた」と答えます[43]。ただし、ノンレム睡眠時にも夢を見ますから[44]、レム睡眠と夢は異なる脳機能の産物かもしれません[45]。

（3）生物リズム

　生物が生得的に持つ自律的な変動周期を**生物リズム biological rhythm**、その体内機構を**生物時計 biological clock**（体内時計 internal clock）といいます。広義の生物リズムには神経活動・脳波・心拍・脈波といった短いリズムも含まれますが、通常は数時間以上の周期を持つものをさし、**概潮汐リズム circatidal rhythm**、**概日リズム circadian rhythm**、**概年リズム circannual rhythm** などがあります。こうした周期は内因的なものですが、野生動物は潮の満干や日長、温度変化などの外的同調因子**ツァイトゲーバー Zeitgeber** をもとに生物リズムを修正し、外的なリズム（**潮汐リズム tidal rhythm**、**日周リズム diurnal rhythm**、**年周リズム annual rhythm**）をもたらします。

（a）潮汐リズム

　地球の自転と月の公転の関係によって海の水は約半日（12.4時間）周期で上下変動し、潮の干満を生みます。潮汐リズムは、ベンケイガニの幼生放出、カブトガニの交尾、ウミユスリカの羽化と産卵などに見られ、外的同調因子は明暗や海水の撹拌・水圧などです。なお、昼か夜のいずれかの潮のとき、つまり倍潮周期（24.8時間周期）で見られる行動もあり、アカテガニの幼生放出や甲殻類の遊泳が例としてあげられます。なお、海の水は太陽の引力の作用によって、約半月周期で上下動する（大潮・小潮）ため、上記の行動もその影響を受けます。このように日内・月内の潮汐周期は、小動物の増減をもたらし、それを餌にする魚の行動も間接的に左右します。漁師や釣り人が潮見表を用いるのはこのためです。

（b）日周リズム

　睡眠は覚醒と交互に1日周期で出現するので、日周リズムの代表例といえます。一般的活動性（運動量）が1日のうちで周期変動することは、無脊椎動物を含め多くの動物で観察されています[46]。特に、**回転カゴ**（回し車 running wheel, activity wheel）を備えた飼育ケージで、齧歯類（特にラット・マウス・ハムスター）の活動量をカゴの回転数として測定する研究は多数あります。一般活動性のほか、摂食・摂水行動、他個体への攻撃、生殖関連行動（交尾・営巣・子育て）などでも日周リズムが見られます。

多くの動物種にとって、概日リズムの外的同調因子は明暗です。恒温恒湿で明るさも固定した実験室内に動物行動をおくことで、外的同調因子の影響を最小限にして、純粋に内因的な概日リズムを測定できます。このとき見られる概日リズムが**自由継続周期**（フリーラン周期）**free-running period** で、主観的な 1 日の長さを示しています。自由継続周期は、昼行性動物では周囲が明るいと短く、暗いと長くなり、夜行性動物ではこの逆です（アショフの**法則 Aschoff's law**）。この法則は魚類・爬虫類・鳥類では概ね成り立ちますが、無脊椎動物や哺乳類では必ずしもそうではありません。

（c）年周リズム

　季節リズム seasonal rhythm とも呼ばれる年周リズムは日長や気温など外的な条件の影響を強く受けます。気温による影響が大きいものに**冬眠 hibernation** があります。狭義の「冬眠」は、低温下でも比較的高い体温を維持する恒温動物（哺乳類・鳥類）が代謝や運動を抑制して冬を過ごすことですが、気温低下に伴い自動的に代謝や運動が抑制される変温脊椎動物（両生類・爬虫類・魚類）の越冬や無脊椎動物の冬季休眠を含めて「冬眠」ということがあります。ハチドリやジャンガリアンハムスターなど小型の恒温動物では、寒いときに体温を低下させて代謝を最小限にする**日内休眠**（デイリートーパー **daily torpor**）も生じます。冬眠と**夏眠 aestivation**（高温や乾燥への適応として活動性や代謝を下げる）の総称が**休眠 dormacy** です。

　多くの動物には交尾・出産（産卵）・育児などの繁殖行動を行う季節（**繁殖期 breeding season**）があり、その始まりは**交尾期 mating season**（発情期 **estrus**）です。交尾期はいわゆる「盛りの季節」で、「猫の恋」や「鳥交る（とりさかる）」が春、「鹿鳴く」や「虫鳴く」が秋の季語になっていることからもわかるように、四季のある国では春や秋が交尾期である動物種が多いのですが、夏が交尾期である種もいます（例えば、蟬時雨（せみしぐれ）は恋の歌です）。交尾期の長さは動物によって異なります。アメリカ西部山間部に住むベルディングジリスでは雌の発情期は 5 ～ 6 月ですが、各個体についていえば 1 年に 1 日だけ、午後に平均4.7時間に過ぎず、この間に 1 ～ 5 頭の雄と交尾します[47]。このときを逃すと 1 年間、交尾の機会はありません。

Topics

農業と牧畜

　農業や牧畜をするのはヒトだけではありません。キノコシロアリは土の城のような巣の中で担子菌を栽培して食しますし、地下に巨大な巣を作るハキリアリは顎で葉を切り落として巣へ運び、葉片をかみ砕いて担子菌を植えつけ育てて食べます[48]。また、多くの種類のアリが巣内でカイガラムシを飼育し、カイガラムシが分泌する甘い排泄物を食べます（カイガラムシ自体を食すアリもいます[49]）。ヒトと乳牛・肉牛の関係に似ていますね。

推測航法による帰巣

　大海原を進む船舶は、進行方位とこれまでの航海距離から現在位置を割り出し、これから進む方向と港までの距離を推測します。こうした**推測航法（自律航法）dead reckoning** と似たしくみが、巣から離れて探索・巡回する動物にも備わっているとダーウィン（→ p. 8）は考えました[50]。餌や天敵を見つけたら巣に直帰しなくてはならないため、探索・巡回中の動物は、経路情報を常時更新（**経路統合 path-integration**）しなくてはなりません。

　例えば、見渡す限り砂ばかりのサハラ砂漠にすむサバクアリは地形を頼りにできません。このアリは巣の方角を太陽の位置と偏光から知り、巣までの距離はこれまでに進んだ歩数をもとに把握していて、餌を得る

図4-4　1匹のサハラサバクアリがたどった経路[51]

巣（N）から餌を探しに出たアリは、F地点で餌を見つけると一直線に巣に引き返しました。往路は実線、復路は点線で示されています。

とまっすぐ帰巣します（図4-4）。なお、帰巣前に脚を短く切ると巣の手前で巣を探し始め、逆に脚を長くする（ブタの毛を貼ります）と巣を通り過ぎたところで巣を探しました[52]。体内の歩数計で距離を推測しているため、脚の長さが変わると距離を正確に見積もれないのです。

column ■ 走性と向性

　生得的行動のうち、方向性のある単純な移動反応を**走性 taxis** といい、刺激
に近づく**正の走性 positive taxis**、刺激から遠ざかる**負の走性 negative taxis** に
区別します。また、刺激の種類によっても分類可能です。表4−2のほかに電
気走性（走電性）galvanotaxis、気流走性（走風性）anemotaxis、温度走性（走
熱性）thermotaxis、湿度走性（走湿性）hydrotaxis などがあります。
　なお、ネズミの仔を頭が下または横になるように斜面に置くと、身体を回転
させて頭が上になる姿勢をとります。これは負の走地性の例とみなされてい
[53]
て、傾斜板テストとして発達検査で使われています。ただし、斜面に爪が引っ
かかるかどうかなど、重力以外の要因によって行動が大きく異なるため、近年
はこの行動を走性とみなすことは不適切だと指摘されています。
　また、朽木や石の下などの湿った場所にいることが多いワラジムシは、正の
走湿性の例として紹介されることがあります。しかし、ワラジムシは乾燥した
場所で活動性が高く、湿った場所では動きが鈍くなるために、湿った場所で見
つかりやすいだけです。いっぽう、トノサマバッタは逆に、湿った場所で活動
性が高く、乾いた場所で動きが鈍くなります。このように、身体運動そのもの
には方向性がないものの、結果的に一定の場所に向かうことになる性質を、走
性と区別して**動性 kinesis** と呼ぶ場合があります。この場合、走性と動性を総
称して**向性 tropism** といいます。向性は、本来、植物の成長において見られる
方向性（例えば、太陽の方向を向く）を意味する言葉ですが、その言葉を動物
の行動に流用しているわけです。

表4−2　走性の種類と代表例

走性の種類	正の走性を示す動物の例	負の走性を示す動物の例
光走性（走光性） phototaxis	【接近】ガ、コガネムシ、ショウジョウバエ、サンマ、イワシ、イカ	【逃避】プラナリア、ミミズ、ゴキブリ、ノミ
化学走性（走化性） chemotaxis	【接近】カ（二酸化炭素）	【逃避】ゴキブリ（シナモンなどの精油）
流れ走性（走流性） rheotaxis	【上昇】コイ、遡河時のサケやマス	【下降】アメンボ、メダカ、降河時のサケやマス
重力走性（走地性） geotaxis	【下降】ミミズ、ノミ、貝類の多く	【上昇】カタツムリ、ウニ

column ■ 好奇心と遊び

　動物は通常、新奇なものを恐れます（**新奇恐怖 neophobia**）。しかし、逆に**新奇好み neophilia** が見られることもあります。例えば、動物園で飼育されている100種以上の動物に、新奇物品（積木・鉄鎖・木棒・ゴムチューブ・丸めた紙）を与えたところ、注視や接触が最も多かったのは霊長類で、以下、食肉類、齧歯類、有袋類、爬虫類の順でした。心理学者バーライン（D. E. Berlyne）は高等動物には、新しい情報を得るために探索する**好奇心 curiosity** があると論じています。

　新奇な刺激は動物の注意を引き、探索行動を引き起こすだけでなく、それを得る行動を強めます（**感覚性強化 sensory reinforcement**）。例えば、マウスやラットがレバーを押すと装置内の照明が点灯するようにしておくと、レバーを押す頻度が増えます。ニワトリのキー押し反応についても同じです。

　バンドウイルカやシロイルカは口から息を吐いて輪（バブルリング）を作ることができます。この行動の形成と維持には、リング作成時の口内の感覚や音、眼前に出現したリングの見た目などによる感覚性強化が働いていると思われますが、明確な目的もなく、好んで作っているように見えるので、**遊びplay** の一種だとされています。

　イルカ以外にも多くの動物種で遊びと見られる行動が報告されています。心理学者バークハート（G. Burghardt）は、（1）明白な機能を持っていない、（2）自発的・能動的で行動そのものが目的となっている、（3）真摯な行動とは構造的・時間的に異なっている、（4）繰り返し行われる、（5）リラックスしているとき（空腹でなく、安全で健康なとき）に始まる、の5条件をすべて満たす行動を「遊び」と定義し、哺乳類だけでなく、鳥類・爬虫類・魚類や、ロブスターなどの無脊椎動物にも観察できると主張しています。

　生物学者コッピンジャー（R. Coppinger）は動物が遊ぶ理由として、そうすることが楽しい（自己満足説）、過剰なエネルギーを発散させる（余剰資源説）、成体の行動の予備訓練（練習説）の3説はいずれも不十分だと論じ、遊びは複数の行動の相互作用で生じた創発的な副産物で、成長後に運動パターンとして組み合わされる個々の行動を維持しておく機能を持つと主張しています。

column ■ 擬死

　捕食者などの脅威にさらされた動物は、睡眠状態によく似た不動状態になることがあります（図4-5）。いわゆる「タヌキ寝入り」「死んだふり」で、専門的には**擬死 apparent death**（**thanatosis**）あるいは**強直性不動 tonic immobility**といいます。**動物催眠 animal hypnosis** と呼ばれることもあります。擬死は戦場・大災害・暴力・強姦などの場面でヒトが示す身体硬直症状との関連が示唆されています[66]。

　多くの動物種が擬死状態になります[67]。脊椎動物では魚類・両生類・爬虫類・鳥類・哺乳類のさまざまな種で擬死が見られますが、最も研究がなされているのは容易にこの状態を誘導可能なニワトリやウズラです[68]。無脊椎動物では、ミジンコ・カニ・ダンゴムシ・クモ・ダニ・トンボ・カワゲラ・バッタ・カマキリ・セミ・チョウ・ハチなどで擬死が見られます。

　擬死状態になると、動く対象を餌にする捕食者から逃れられます。例えば、「死んだふり」をするコクヌストモドキ（ゴミムシダマシ科の甲虫）は、ハエトリグモにほとんど襲われませんでした[69]。なお、生物学では遺伝的な基礎のある対処行動を**戦略 strategy**、そうでないものを**戦術 tactics** と区別します。擬死はだましの戦術ではなく、捕食回避という結果によって進化した戦略だと考えられています。

図4-5　擬死状態にあるオポッサムとゾウムシ
Wikimedia Commons

◆さらに知りたい人のために

○ローレンツ『ソロモンの指環―動物行動学入門』ハヤカワ文庫　1998

○オルコック＆ルーベンスタイン『動物行動学』丸善出版　2021

○スレーター『動物行動学入門』岩波書店　1988

○リドゥリー『新しい動物行動学』蒼樹書房　1988

○ハインド『エソロジー―動物行動学の本質と関連領域』紀伊國屋書店　1989

○ワイアット『基礎からわかる動物行動学』ニュートンプレス　2022

○上田恵介・佐倉統（監修）『動物たちの気になる行動（1）―食う・住む・生きる編』
　裳華房　2002

○上田恵介・佐倉統（監修）『動物たちの気になる行動（2）―恋愛・コミュニケーショ
　ン編』裳華房　2002

○日本比較生理生化学会（編）『動物の生き残り術―行動とそのしくみ』共立出版　2009

○小原嘉明『モンシロチョウ―キャベツ畑の動物行動学』中公新書　2003

○エドムンズ『動物の防衛戦略（上）（下）』培風館　1980

○桑原万寿太郎『動物の本能』岩波新書　1989

○桑原万寿太郎『帰巣本能―その神秘性の追究』NHK ブックス　1978

○桑原万寿太郎『動物と太陽コンパス』岩波新書　1966

○桑原万寿太郎『動物の体内時計』岩波新書　1963

○バリー『動物たちのナビゲーションの謎を解く―なぜ迷わずに道を見つけられるのか』
　インターシフト　2022

○ブライト『鳥の生活』平凡社　1997

○中村司『渡り鳥の世界―渡りの科学入門』山梨日日新聞社　2012

○樋口広芳『鳥たちの旅―渡り鳥の衛星追跡』NHK ブックス　2005

○エルフィック（編）『世界の渡り鳥アトラス』ニュートンプレス　2000

○前野ウルド浩太郎『孤独なバッタが群れるとき―サバクトビバッタの相変異と大発生』
　東海大学出版会　2012

○森沢正昭ほか（編）『回遊魚の生物学』学会出版センター　1987

○井上昌次郎・青木保『動物たちはなぜ眠るのか』丸善ブックス　1996

○井深信男『行動の時間生物学』朝倉書店　1990

○クライツマン『生物時計はなぜリズムを刻むのか』日経 BP 社　2006

○宮竹貴久『「死んだふり」で生きのびる―生き物たちの奇妙な戦略』岩波科学ライブラ
　リー　2022

第5章❖学習

　19世紀末から20世紀初めにかけて、学習能力と抽象的思考能力は「知能」として一括され、その理解が動物心理学の主要テーマでした。本章では学習について論じ、抽象的思考については第8章で述べます。なお、現代心理学において**学習 learning** という言葉は、「経験によって生じる比較的永続的な行動変化」あるいは、それを可能にする心のしくみ（メカニズム）や過程（プロセス）をいいます。

　本章では、動物の学習の基本的なしくみとして、馴化・古典的条件づけ・オペラント条件づけの3つを取り上げ、模倣学習に代表される観察学習については、第9章で述べます。学習はそれ自体が動物心理学の研究テーマとなるほか、学習研究のために開発された装置（下図）や訓練技法が、動物の知覚・認知能力を探る道具として使われています。

ラット用(上)・ハト用(下)スキナー箱
反応レバーを押したり反応キーをつつくと、餌出口に餌粒が呈示されます。

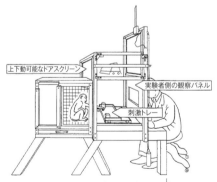

ウィスコンシン一般検査装置（WGTA）
刺激トレーには穴が2つ空いており、色や形が異なる刺激物体を穴をふさぐように置きます。ドアスクリーンを上げてトレーをサルの側に押し出し、2つの刺激物体のどちらかを選択させます（正しい物体の下の穴には餌が入っています）。実験者側の観察パネルは一方視鏡になっており、サルから実験者の顔や操作が見えません。

1．学習の基本的機序

動物はさまざまな事柄を学習しますが、基本的なしくみは以下の3つです。

（1）馴化

頭上で大きな影が動くと、モノアラガイは貝殻の中に体を引っ込めるなどの防衛反応を生得的行動として示します。しかし、これを繰り返すと防衛反応は徐々に消失します（図5-1）。こうした現象を**馴化 habituation** といいます[2]。馴化には次のような特徴があります[3]。

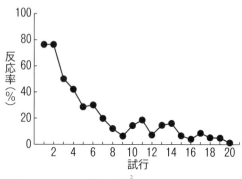

図5-1　モノアラガイの馴化

（1）生得的な反応は刺激の反復呈示によって次第に減弱する（馴化の定義)、（2）反復呈示を中断すると、再呈示時に反応が増大する（**自然回復 spontaneous recovery**)、（3）反復呈示と自然回復を繰り返すと反応減弱は速くなる、（4）反復する刺激の呈示頻度が高いと反応減弱効果は大きい、（5）反復する刺激の強度が強いと反応減弱効果は小さい、（6）刺激の反復呈示で反応が最小になった後も刺激呈示を続けると効果が見られ（**零下馴化 habituation below zero**)、これは自然回復の生じにくさなどに反映される、（7）反応減弱の効果は類似した刺激に波及する（**般化 generalization**)、（8）無関係な他刺激は馴化していた反応を復活させる（**脱馴化 dishabituation**)、（9）脱馴化は他刺激の反復呈示によって減少する（脱馴化の馴化)。

特徴（8）としてあげた脱馴化という現象は、反応減弱が感覚器の単なる順応や損傷、あるいは効果器の疲労によるものではないことを意味しています。例えば、音に対する驚き反応が音の反復呈示によって減弱した後、光を見せてから音を聞かせると、減弱していた定位反応が復活します[4]。聞こえなくなったり、疲れたりしたために反応が減弱していたのなら、光を見せても反応は復活しないはずです。

さて、ふつう馴化といえば、数秒から数時間程度の刺激反復間隔で生じる**短期馴化 short-term habituation** を意味しますが、数日にわたる**長期馴化 long-term habituation** もあり、前述の9特徴に長期馴化を含めると10特徴になります。アメフラシの鰓ひっこめ反射を用いた研究では、短期馴化は神経伝達物質の減少、長期馴化はシナプス結合の減少が主たる原因でした。しかし、馴化のメカニズムが他種でも同じかどうかは不明です。ヒトの場合は、高次の脳内過程に基づく説明が提出されています。具体的には、刺激の反復呈示によってその刺激のイメージが徐々に形成され、到来する刺激の性質が予期できるようになります。つまり、脳内イメージと現実との「ずれ」が小さくなっていくために、反応が生じなくなっていくというわけです。

馴化には、無意味な刺激に反応しないことでエネルギー消費を抑え、他の重要な刺激に注意を配分できるという利点があります。また、新奇な刺激に対する警戒反応（**新奇恐怖**：→ p.78）の馴化は、その刺激への接近や摂取を可能にするため、摂食行動などにおいて大きな役割を果たしています。

馴化は動物の行動や認知を調べる手段として使えます。例えば、ベルベットモンキーは天敵に応じて異なる警戒音声を発し、群れの仲間たちはそれに対して適切な退避行動をとります（→ p.120）。さて、個体Aが発する「ヒョウが来た！」という意味の警戒音声を録音して、繰り返しスピーカーから流すと、群れの仲間たちは次第に退避行動を示さなくなります（馴化）。ここで、個体Bが発する「ヒョウが来た！」という警戒音声に切り替えて流しても、群れはやはり反応しないままです（馴化の般化）。しかし、個体Aが発する「ワシが来た！」という警戒音声を流した場合には、あわてて退避します。この研究は、ベルベットモンキーが警戒音声の意味を理解していることだけでなく、「Aは嘘つきだが、今回は話題が違うから信用しよう」と判断したことを示唆しています。

こうした馴化後の般化テストは「馴化—脱馴化法」と呼ばれています。ただし、厳密にいえば、脱馴化とは、ある刺激の馴化後に異なる刺激を与えてから元の刺激を与えた際に見られる反応復活のことです。異なる刺激（上の例では別個体の警戒音声や、同じ個体の別の意味を持つ警戒音声）によって反応が生じることではありません。しかし、この誤用が定着しています。

（2）古典的条件づけ

空腹のイヌにメトロノーム音を聞かせてから餌を与えるという対呈示手続きを繰り返すと、メトロノーム音にも唾液分泌反応が生じます。これが、第1章第3節で紹介したパヴロフの条件反射です（図5-2）。ここで、生物的に重要な餌は無条件に（生得的に）反応を誘発する**無条件刺激**（unconditioned stimulus, US）であり、メトロノーム音は特に意味を持たない中性的刺激であったのが、対呈示経験によって反応を誘発する**条件刺激**（conditioned stimulus, CS）となったわけです。US が誘発する反応を**無条件反応**（unconditioned response, UR）、CS が誘発する反応を**条件反応**（conditioned response, CR）といい、この例ではいずれも唾液分泌です。なお、CS を呈示しても US を与えないと CR は消失していきます（**消去 extinction**）。

このような学習は発見者の名から**パヴロフ型条件づけ Pavlovian conditioning** といいます。スキナーはレスポンデント条件づけと呼びました（→ p. 12）。なお、もう1つの条件づけであるオペラント条件づけよりも早く発見されたため、**古典的条件づけ classical conditioning** ともいいます（本書では、以後この用語を使います）。古典的条件づけは、イヌ以外の動物でも、餌以外の US でも、メトロノーム音以外の CS でも、唾液分泌以外の反応でも生じます。例えば、ラットに味覚溶液を飲ませて毒物を投与すると、その味覚溶液を忌避するようになりますが（**味覚嫌悪学習 taste aversion learning**）、これも古典的条件づけの一種で、溶液の味が CS、毒物による気分不快感が US、溶液の忌避反応が CR です。

ひとたび条件づけが形成されると、その CS を用いて他の刺激に対する反応を形成できます。例えば、前述のパヴロフの訓練の後、光とメトロノーム音を対呈示すると、光に対しても唾液分泌が見られるようになります。こうした現象が**2次条件づけ second-order conditioning** です。なお、訓練の順序を逆にして、光とメトロノーム音の対呈示訓練の後で、メトロノーム音と餌の対呈示を行うような手続きは**感性予備条件づけ sensory preconditioning** といいます。

2次条件づけ以上の条件づけを**高次条件づけ higher-order conditioning** と

総称します。例えば、上にあげた2次条件づけの実験で、次に光を黒い四角形と対呈示すると3次条件づけとなります。パヴロフが形成できたのは3次条件づけまででしたが[10]、イヌの前肢への電撃をUSに用いて筋収縮反応をCRとして測定した実験では、純音、光、鼻への水流、ベル、風を、この順にCSに用いて5次条件づけを形成できたとの報告があります[11]。ただし、この実験は下で述べる統制条件を満たしていません。

心理学者レスコーラ（R. A. Rescorla）は、古典的条件づけの形成には、CSがUSに対する情報をもたらすこと（CSによってUSが予期されること）が重要だとし[12]、同僚の心理学者ワグナー（A. R. Wagner）とともに、CS—US連合形成の理論（レスコーラ＝ワグナー・モデル Rescorla-Wagner model）を1972年に発表しました[13]。この理論は、複数のCSを用いた際に生じる**刺激競合 stimulus competition**（→ p.96）など既知の現象を説明し、新たな現象の予測にも成功しましたが、さまざまなライバル理論も提出されています[14]。

古典的条件づけの成立を実験的に示す上で重要なのは、誘発された反応が鋭敏化など別の原因で生じた可能性（**疑似条件づけ pseudoconditioning**）の排除です。このため、CSとUSを随伴呈示した群で、非対呈示（CS呈示時にはUSを呈示しないという操作）した群よりも反応が大きいことを実証する必要があります。なお、非対呈示群では、「CSが来るとUSが来ない」というマイナスの関係学習（**制止条件づけ inhibitory conditioning**）が生じる可能性があるため、CSとUSを無関係に呈示する**真にランダムな統制 truly-random control**を比較対照に用いる場合もあります[15]。

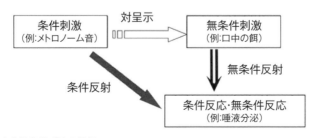

図5-2　古典的条件づけの枠組

（3）オペラント条件づけ

　第1章で紹介したように、ソーンダイクの問題箱実験では、ネコが箱の中で適切な反応を行うと扉が開いて脱出できましたし、スモールやワトソン、トールマン、ハルの迷路実験では、正しい経路選択をしたラットが目的地に到達できました。スキナーの実験では、レバーを押したラットは餌粒を得ました。こうした学習では、反応が環境を変える道具（手段）となっているため**道具的条件づけ instrumental conditioning** とも呼ばれますが、この分野の研究に最も貢献したスキナーの用語法である**オペラント条件づけ**という言葉のほうが広く用いられています（本書でもこの用語を使います）。

　スキナーはオペラント条件づけを、反応とその結果の関係だけでなく、反応の手がかりとなる**弁別刺激 discriminative stimulus** をも含めた **3項随伴性 three-term contingency** として概念化しました（図5-3）。彼は3項随伴性の枠組を、行動と環境の関係を客観的に記述したものとして使用し、動物が「随伴性を把握して行動する」とか、脳内に「刺激—反応—結果」連合が形成されるといった、動物の心や意識に基づく説明はしませんでした。「把握」のような心的概念や「連合」のような**仮説構成体 hypothetical construct** を用いた説明を拒否し、行動そのものを環境との直接的関係で捉えようとしたためです[16]。こうした考えを尊重する追従者たち（**スキナー派 Skinnerian**）は、動物の行動を環境操作によって操る技術を数多く開発しました。

　しかし、少なくともラットでは、3項随伴性を把握している（「刺激—反応—結果」の連合が形成されている）ようで、そうした証拠が1980年代以降、次々と報告されています[17]。表5-1はその一例です。このため、現代の学習心理学研究では、古典的条件づけやオペラント条件づけを、複数の出来事（事象）間の心理的結合（連合）の形成であるとする**連合学習理論 associative learning theory** が優勢になり、連合の神経科学的研究も行われています。

　なお、連合学習には生物的制約があり、古典的条件づけやオペラント条件づけの形成が困難な場合があります（→ p.16）。例えば、ハムスターでは壁ひっかき反応などは餌を報酬としたオペラント条件づけで容易に強化できますが、頭掻き反応などは強化困難です[18]。

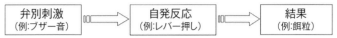

	その後 反応が増える	その後 反応が減る
反応によって 刺激が出現する	正の強化	正の罰
反応によって 刺激が消失する	負の強化	負の罰

図5-3　オペラント条件づけにおける3項随伴性

反応の結果が餌粒のとき、反応はその後、増加します（**正の強化 positive reinforcement**）。反応の結果として電気ショック（電撃）が与えられた場合は、反応が減少します（**正の罰 positive punishment**）。結果が電撃停止の場合は、反応が増加し（**負の強化 negative reinforcement**）、これを**逃避学習 escape learning**といいます。予定されていた電撃が延期される場合も同じく負の強化ですが、このときは**回避学習 avoidance learning** といいます。結果が餌粒の呈示停止の場合は、反応が減少します（**負の罰 negative reinforcement**）。予定されていた餌粒が延期される場合も同じく負の罰ですが、このときは**省略学習 omission　learning** といいます。反応を強化する結果を**強化子 reinforcer**、罰する結果を**罰子 punisher** と呼びます。空腹のラットのレバー押し事態では餌粒呈示が強化子であり、電撃呈示は罰子です。何が強化子や罰子になるかは、動物種や動機づけ状態などによって異なります。なお、反応によって環境変化が生じない場合、元の反応率に戻ります（強化されていた場合は、反応が消去されます）。

表5-1　オペラント条件づけの連合構造を探る実験[19]

訓練		強化子無価値化	テスト（強化子は与えない）	
弁別刺激	反応→強化子	反応できない場面	弁別刺激	反応選択
光	レバー押し→餌粒 チェーン引き→砂糖水	餌粒→毒注射 砂糖水→無毒注射	光	レバー押し＜チェーン引き
音	レバー押し→砂糖水 チェーン引き→餌粒		音	レバー押し＞チェーン引き

まず、光呈示時と音呈示時に、2つの異なる反応をそれぞれの強化子によって訓練します。次に、2種類の強化子のどちらか一方を与えて毒物を注射することでその強化子の魅力を低減します（無価値化）。光や音を呈示するテストで、ラットは無価値化された強化子を以前にもたらした反応をあまり自発しませんでした。これは、ラットが「光が呈示されたときは、レバー押しは餌粒をもたらし、チェーン引きは砂糖水をもたらす」、「音が呈示されたときは、レバー押しは砂糖水をもたらし、チェーン引きは餌粒をもたらす」という3項随伴性を学習したこと、その後に「餌粒はいま無価値である」と学習したことを示唆しています。このため、光呈示時には（餌粒が与えられるであろう）レバー押しをせず、（砂糖水が与えられるであろう）チェーン引きをし、音刺激呈示時には（砂糖水が与えられるであろう）レバー押しをし、（餌粒が与えられるであろう）チェーン引きをしない、という結果になったわけです。なお、実際の実験では、弁別刺激─反応─強化子の組み合わせや、どちらの強化子を無価値化するかはラット間で異なっていますが、この表では単純化してあります。また、強化子を与えない状況下でテストするのは、無価値化した強化子が反応を罰する可能性を排除するためです。

２．刺激性制御

動物は環境刺激に応じて行動を変えます。環境の側から表現すれば、刺激が行動を制御するといえます（**刺激性制御 stimulus control**）。

（1）般化

馴化の特徴（7）で刺激般化を取り上げました（→ p.82）。古典的条件づけやオペラント条件づけでも、刺激の般化が生じます。つまり、動物は学習した反応を初めて接する刺激に対しても示します。そうした般化の大きさから学習刺激とテスト刺激の主観的類似度（どのくらい似ていると知覚したか）を測定できます。なお、般化の大きさをグラフ化したものを**般化勾配 generalization gradient** といいます。

（2）弁別

★を見せたときは餌を与え、☆のときは与えないという訓練を行って、★と☆で唾液分泌量が異なってくれば、イヌはこの2つの形を識別できるといえます。古典的条件づけにおけるこうした弁別学習が**分化条件づけ differential conditioning** です。オペラント条件づけでこれに相当するのが**継時弁別 successive discrimination** 訓練で、Go/No-Go 型（例：★のときに反応すれば餌を与え、☆のときには反応しても餌を与えない）や、Yes/No 型（例：★のときにはレバー押し、☆のときにはボタン押しに餌を与える）があります。オペラント条件づけでは**同時弁別 simultaneous discrimination** 訓練（例：★と☆を同時に見せて、★を選んだときのみ餌を与える）を行うこともできます。本章扉で紹介した**ウィスコンシン一般検査装置**（**Wisconsin General Test Apparatus, WGTA**）はおもに同時弁別学習に用いられる装置です。

（3）条件性弁別学習

より複雑な弁別訓練課題として、**条件性弁別 conditional discrimination** 課題があります。これは複数の弁別刺激の関係性に基づいて正しい反応が変わるもので、その代表はオペラント条件づけの**見本合わせ**（**matching-to-sample, MTS**）課題です。見本合わせ課題はさまざまな動物の記憶・注意・概念などの研究手続きとして広く用いられてきました。[20]例えば、ハトを用いた場合の

標準的な手続きは以下の通りです。

　壁に 3 つの反応キー（円形のパネルボタン）のついたスキナー箱にハトを入れ、中央のキーを赤または緑に点灯します（図 5‑4 左）。ハトがこの見本刺激をつつけば、左右のキーに赤と緑が**比較刺激 comparison stimulus**（テスト刺激 **test stimulus**）として点灯します。ハトが中央のキーと同じ色のキーをつつけば、餌を与えます。比較刺激点灯時に見本刺激がまだ呈示されている課題は**同時見本合わせ simultaneous matching-to-sample** といい、見本刺激が消えてから比較刺激が呈示される課題が**遅延見本合わせ**（**delayed matching-to-sample**）です。

　選択型見本合わせ課題は、見本刺激の継時弁別の中に比較刺激の同時弁別を組み込んだものですが、見本刺激の継時弁別の中にさらに継時弁別を組み込んだ継時見本合わせ課題もあります（図 5‑4 右）。

　なお、見本刺激と比較刺激が同一である場合を正答とする**同一見本合わせ identity matching-to-sample** 課題だけでなく、見本刺激と比較刺激が異なる場合を正答とする**非見本合わせ non-matching-to-sample**（異物合わせ **oddity matching**、異物見本合わせ **oddity-from-sample**）課題もあります。

　また、正答となる見本刺激と比較刺激の組み合わせを実験者が任意に決めることもできます。例えば、見本刺激が赤のとき比較刺激は△、緑のときは▽が正答という方法で、こうした手続きが**象徴見本合わせ symbolic matching-to-sample**（恣意的見本合わせ **arbitrary matching-to-sample**）です。

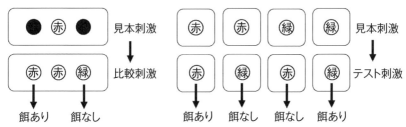

図 5‑4　選択型同時同一見本合わせ課題（左）と継時同一見本合わせ課題（右）の例

選択型見本合わせ課題では、見本刺激の種類や比較刺激の正答の左右位置は試行ごとに変わります。赤と緑の 2 色なら 4 種類（赤赤緑、緑赤赤、赤緑赤、緑緑赤）の試行があり、ここではそのうちの 1 つだけを示しています。継時見本合わせ課題では 1 つの反応キーに経時的に見本刺激とテスト刺激が呈示されます。赤と緑の 2 色なら 4 種類の試行があり、そのすべてを図示しています。選択型見本合わせ課題でも継時見本合わせ課題でも、4 種類の試行の順序はランダムにして訓練されます。

3．時空間学習

動物はさまざまな出来事の空間的・時間的側面についても学習します。

（1）時間学習

　古典的条件づけ手続きで、CS 呈示から US 呈示までの時間をやや長めにして長期間訓練すると、CR は US 呈示直前に集中するようになります[21]。これは US 到来のタイミングを動物が学習したことを意味しています。オペラント条件づけでも、反応に一定間隔でしか強化子が伴わないなら、強化子呈示のタイミングで反応が生じます（図 5-5）。時間の長さを弁別するよう積極的に訓練することもできます（図 5-6）。

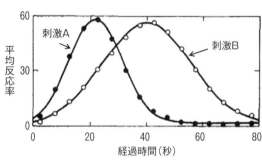

図 5-5　ピーク法によるラットの時間学習曲線[22]

刺激 A 呈示から20秒以上、刺激 B 呈示から40秒以上経過した後にレバーを押せば餌粒が得られるという訓練を長期にわたって実施した後、A も B も80秒間提示して餌粒を与えないピークテストを行った結果です。A と B は室内灯点灯と白色雑音で、ラットによって異なります。

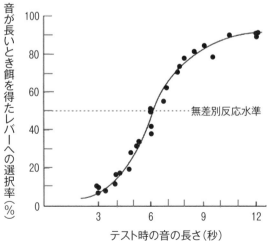

図 5-6　間隔二等分課題におけるラットの成績[23]

純音が 3 秒なら一方のレバー、12秒ならもう一方のレバーを押すようラットをスキナー箱で訓練した後、さまざまな長さの純音に対する両レバーの選択を見たものです。両レバーを均等に押す無差別反応水準は、3 秒と12秒の算術平均の7.5秒ではなく、幾何平均の 6 秒でした。

（2）空間学習

　トールマンは環境内の事物の配置の内的表象を**認知地図 cognitive map** と呼びました。神経科学者**オキーフ**（J. O' Keefe）は広い平面装置（**オープンフィールド open field**）内を自由に動き回るラットの脳神経活動を測定中に、いつも決まった場所を通るときに盛んに活動する神経細胞群（**場所細胞 place cell**）が海馬にあることを発見し、海馬が認知地図の中枢だとしました[26]。

　認知地図には複数の場所や物が空間関係として表象されています。つまり認知地図の獲得は**空間学習 spatial learning** です。空間学習研究で最も使用される装置は迷路です。三叉路の一端が出発点、残り２つが選択肢になった**T字迷路 T-maze** や**Y字迷路 Y-maze** のほかに、神経科学者**オルトン**（D. S. Olton）や**モリス**（R.G.M. Morris）が、考案した**放射状迷路 radial arm maze** や**水迷路 water maze** がよく用いられます（図5-7）。迷路を用いた学習課題では、装置内の壁の凹凸や自らの臭いの跡などの**迷路内手がかり intra-maze cue** と迷路から見える実験室内の壁や電灯の位置などの**迷路外手がかり extra-maze cue** のどちらが進路決定に重要かを、手がかりだと思われる刺激を取り除いたり、迷路の向きや位置を移動したりして調べます[29]。迷路学習は、刺激を手がかりに適切に反応（選択、空間移動）すると結果（目的地への到達）をもたらすので、オペラント条件づけの一種として捉えることができます。

図5-7　オルトン放射状迷路（左）とモリス水迷路（右）
写真提供：バイオリサーチセンター株式会社

放射状迷路ではラットは中央部に入れられ、８つの選択肢すべての先端にある餌粒を効率よく回収するよう求められます（ラットは選択肢を選ぶたびに中央部に走り戻って、新たな選択をします）。水迷路は小さな逃避台を備えたプールで、白濁した水を逃避台のすぐ上の水位まで満たします。ラットはプールの周囲の毎回異なる地点から水に放たれ、泳いで逃避台を探します。水は白濁しているため、遠くから逃避台を見て探すことはできません。放射状迷路では出発点となる中央部、水迷路では目標点となる逃避台をプラットフォームと呼びます。

4．種間普遍性と種間比較

（1）学習と脳神経系

　3種類の学習の基本的しくみのうち最も基本的なのが馴化で、おそらくすべての動物種で見られます。神経系を持たないアメーバやゾウリムシのような原生動物（動物的な原生生物）や、平板動物（センモウヒラムシ）、海綿動物でも刺激に対する馴化が生じます[30]。

　しかし、古典的条件づけやオペラント条件づけのような連合学習を可能にするのは神経系の存在だと思われます（図5-8）。神経系を持たないカイメンや原生動物では連合学習ができないと考えられています。多数の神経細胞が集まって塊となった中枢神経と末梢神経からなる集中神経系を持つ動物だけでなく、神経細胞が体全体に散らばる散在神経系を持つ腔腸動物のイソギンチャクでも連合学習の成功報告があります。正式な論文としては1975年に発表された1篇だけで[31]、再現実験が望まれていましたが[32]、2023年に別種のイソギンチャクでも成功報告が発表されました[33]。連合学習には集中神経系が必要だとされていましたが[34]、散在神経系で十分かもしれません[35]。

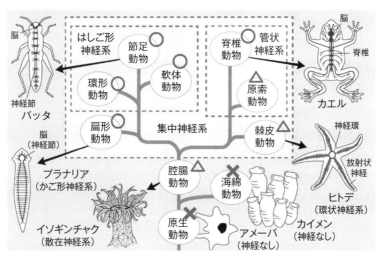

図5-8　さまざまな動物の神経系と連合学習の成績
連合学習が可能な動物は○、可能かもしれないが証拠が不十分な動物は△、不可能（あるいは極めて困難）だと考えられている動物を×で示しています。なお、ここで「原生動物」は「動物性の原生生物」の意味で用いています。厳密にいえば、原生生物は動物界にも植物界にも属しません。

今から5億年あまり前、古生代カンブリア紀の初めに動物の種類や数が爆発的に増えました（**カンブリア爆発 Cambrian explosion**）。動物が集中神経系を獲得したのは、この頃です。集中神経系によって可能になった複雑な連合学習が動物の環境への適応度を高め、新しい生息域（ニッチ）を開拓したり、進化的軍拡競争（→p.4）を促進したと考える研究者もいます[36]。つまり、カンブリア紀にさかのぼる共通の祖先から今日まで、連合学習の能力が引き継がれていることになります。しかし、今日見られる連合学習能力の普遍性は共通祖先を持つ相同ではなく、収斂進化や平行進化によって生じた相似（→p.5）かもしれません。

Topic

アメーバの「迷路学習」

　原生生物のアメーバは動物ではなく、神経系も持ちませんが、「学習」できるとの報告があります。アメーバの一種であるモジホコリという粘菌を、迷路のすべての通路を埋め尽くすよう培養してから、2ヶ所に餌として寒天をおくと、2ヶ所を結ぶ最短経路に集まるようになりました（図5-9）。報告者らはこの結果を、原始的な知能を示すものだとしています。

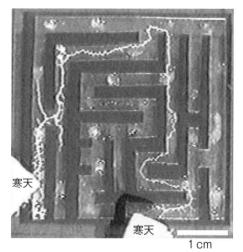

寒天

寒天

1 cm

図5-9　アメーバが実験開始から8時間後に到達した最短経路[37]

（2）学習能力の種差

　図5-10は、所定の反応をすれば餌が与えられるオペラント条件づけの正の強化事態での学習実験の成績をまとめたものです[38]。意外なことに、神経系の単純な動物ほど少ない回数で学習しています。しかし、そもそもこうした比較は妥当でしょうか？　動物種によって、反応の種類も報酬も異なっています。同種の動物でも、条件づけ形成の速さは、刺激や反応の種類、動機づけなどに大きく依存しますが、これらを種間で心理的に等しく揃えて比較実験を行う等質化による**統制 control by equation** は、現実的に不可能です。物理的に同じであっても心理的に同じとは限らないからです。

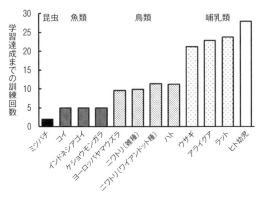

図 5-10　報酬学習の種間比較

各動物種が容易に獲得できると思われる行動を訓練した結果です。ミツバチはガラス皿への飛来、魚類は棒押し、鳥類はキーつつき、ウサギは穴への鼻先突込み、アライグマやラットはレバーを押し、ヒト幼児は頭の向きを変えると、報酬として食物を与えました。訓練回数が少ないほど学習が速いことを意味します。

　そこで心理学者ビターマン（M. E. Bitterman）は**系統的変化法による統制 control by systematic variation** を提唱しました[39]。つまり、学習成績に影響を及ぼすと考えられる要因を体系的に変化させ、その要因と行動との関数関係の比較を行うのです。例えば、キンギョでもラットでも餌の量が多いと学習が促進されるという関係が得られれば、この2種間で学習過程に種間共通性があり、そうでなければ種で異なる学習過程が作用していると推察できます。

　しかし、系統的変化法による統制は時間も労力も費用もかかるため、学習成績の種間比較をこの方法で調べた研究は多くありません。また、用いる装置や手続きのわずかな差が結果に影響する可能性があるため、同一研究者（または研究チーム）が多くの動物種を調べるのが望ましいのですが、そうした研究はまれです（資金面でも設備面でも困難があります）。そこで、既存の報告を比較検討することになります。脊椎動物の多くの種で行われたさまざまな学習課題の成績を比べ、脳の構造

や機能を含めて考察した心理学者マクファイル（E.M. Macphail）は、ヒト以外の脊椎動物では学習能力に種差がないと主張しました。[40]しかし、種差が見られる学習現象も少なからず報告されていて、この結論については批判が少なくありません。[41]

（3）学習セット

刺激Aを正答、刺激Bを誤答とする弁別課題の習得後、正誤を入れ替えて刺激Aを誤答、刺激Bを正答とする弁別課題を行うことを**逆転学習 reversal learning** といいます。逆転課題の習得後、さらに正誤を入れ替えることを何度も繰り返す**連続逆転学習 serial reversal learning** 課題では、各課題の習得に要する試行数は次第に減少します（図5-11実線）。また、刺激Aを正答、刺激Bを誤答とする第1課題の習得後、刺激Cを正答、刺激Dを誤答とする第

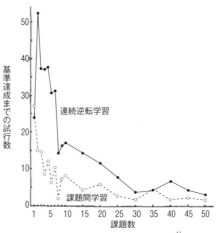

図5-11　チンパンジーの学習セット形成[42]

各課題の達成基準は12試行連続正答です。
連続逆転学習課題で、第1課題よりも第2課題の習得に多くの試行を要している理由は、第1課題で正答だった刺激が誤答となったためです。

2課題、…のように新課題を次々与えても学習効率が改善します（同図破線）。

　これらの事実は、動物が「いかに効率よく学習するか」を学習することを示しています。心理学者**ハーロー**（H. F. Harlow）はこれを**学習セット（学習の構え）learning set** と呼びました。[43]具体的には「Aを選んで正しければ次試行でもAを選び、間違いなら次試行ではBを選ぶ」という**ウィン・ステイ／ルーズ・シフト win-stay/lose-shift** 方略の獲得が重要になります。[44]

　かつて、アカゲザル、リスザル、マーモセット、ネコ、ラット、リスの成績比較をもとに、学習セットは知性を反映するとされていました。[45]しかし、その後の研究で、キュウカンチョウ[46]やアオカケス[47]の成績がリスザル並みであることや、ラットでも嗅覚刺激だと極めて優秀な成績を示すこと[48]、が判明しました。学習セット成績に基づく知性の序列化には慎重であるべきです。

column ■ 条件づけにおける刺激競合

　ランプ点灯後に餌粒が出るという経験をなんどもしたラットは、ランプが点灯すると餌皿に近づくようになります（表5-2統制群）。これは古典的条件づけの一例で、ランプ点灯がCS、餌粒がUS、ランプ点灯時の餌皿接近がCR、餌粒呈示時の餌皿接近がURです。もし、ランプ点灯と同時にノイズ音を聞かせてから餌粒を与えるという複合試行で訓練した場合は、その後にランプ点灯だけでテストしたときに餌皿への接近反応はさほどでもありません（表5-2隠蔽群）。ノイズ音がランプ点灯を隠蔽 overshadowing し、ランプ点灯への条件づけが弱まったのだと考えられます。さらに、ノイズ音だけ聞かせて餌粒を与える予備訓練をしておいたラットでは、ランプ点灯による餌皿接近反応はほとんど見られません（表5-2阻止群）。ノイズ音によってランプ点灯への条件づけが阻止 blocking されたわけです。

　隠蔽現象は2つのCSが知覚的に干渉した結果だとの解釈もできますが、阻止現象は知覚的干渉だけではうまく説明できません。阻止現象はラットの恐怖条件づけ事態で最初に報告され[49]、その後、マウス[50]、ウサギ[51]、ヒト[52]、ハト[53]、キンギョ[54]、ミツバチ[55]、コオロギ[56]、カタツムリ[57]、ナメクジ[58]、プラナリア[59]、センチュウ[60]などさまざまな動物種で確認されています。

　レスコーラ＝ワグナー・モデルでは、その試行でCSがUSの信号としてどの程度役立つかによって、学習量が決まると考えます。表5-2の統制群では、ランプ点灯は餌粒の信号として極めて有用です。隠蔽群では、同時呈示されていたノイズ音も有用なので、学習量はランプ点灯と折半されます。阻止群では予備訓練でノイズ音が有用な信号になっていますから、ランプ点灯は冗長で、ランプ点灯に関する学習はほぼ生じないことになります。

表5-2　隠蔽と阻止の実験例[61]

群名	予備訓練	本訓練	テスト	餌皿接近
統制群	カチカチ音→餌粒	ランプ点灯→餌粒	ランプ点灯	反応大
隠蔽群	カチカチ音→餌粒	ノイズ音＋ランプ点灯→餌粒	ランプ点灯	反応中
阻止群	ノイズ音→餌粒	ノイズ音＋ランプ点灯→餌粒	ランプ点灯	反応小

注：装置内で合図に合わせて餌粒を食べる経験を3群間で均等にするため、統制群と隠蔽群については本訓練で用いるノイズ音とは異なるカチカチ音を聞かせて餌粒を与える予備訓練を行っています。この2群の予備訓練は刺激競合の説明に必要ないので、本文では省略しています。

96

column ■ 無関係性の学習と無力感の学習

　心理学者マッキントッシュ（**N. J. Mackintosh**）は、動物は CS と US の随伴関係を学習するだけでなく、それらが無関係であることも学習すると主張しました[62]。例えば、光 CS と電撃 US が真にランダム（→ p. 85）になるよう無随伴呈示しておくと、その後、［光 CS →電撃 US］の随伴呈示による条件づけ形成が遅れます。これは、「光と電撃は無関係である」という第1の学習が、「光に電撃が随伴する」という第2の学習を阻害するためだと思われます。こうした学習阻害は、第1の無関係学習の CS と第2の関係学習の CS が異なっても生じますし、第1の無関係学習の前に関係学習を行っておくと予防できます[63]。

　オペラント条件づけでは、反応─結果の無随伴事態で動物は「反応してもムダだ」という無力感を学習します（**学習性無力感 learned helplessness**）。セリグマン（→ p. 16）らが行った実験では、3頭のイヌをハンモックに吊るし、イヌAとイヌBに同時に電撃を与えます。電撃装置はイヌAが頭を動かしたときだけ止まるため、イヌAとイヌBは同数の電撃を受けますが、イヌAは電撃に対処可能であり、イヌBは対処不可能です。イヌCには電撃を与えません。その後、別の装置で、音が鳴っている間に隣室に移動すれば電撃を回避できるという状況におくと、イヌA（対処可能群）はイヌC（無電撃群）と同様に容易に学習しました。しかし、イヌB（対処不可能群）は課題を習得できませんでした[64]。これは「何をやってもダメだ」という無力感を学習していたためだと解釈されました[65]。

　学習性無力現象は、イヌのほか、ネコ、ラット、マウス、スナネズミ、キンギョ、ヒトなどで報告されています[66]。無脊椎動物でも研究されていて、ゴキブリ[67]、ミツバチ[68]、ショウジョウバエ[70]、ナメクジ[69]でも学習性無力現象を確認したとの報告があります。このように、学習性無力感現象は多くの動物種で実証されているため、太古の昔から存在すると考えられます。「あきらめる」ことにも適応的価値があるのかもしれません[71]。なお、学習性無力感は、事前に対処可能経験を与えておくと予防できます[72]。これはゴキブリでもそうです[73]。

◆さらに知りたい人のために

○中島定彦『アニマルラーニング―動物のしつけと訓練の科学』ナカニシヤ出版　2002

○中島定彦『学習と言語の心理学』昭和堂　2020

○実森正子・中島定彦『学習の心理―行動のメカニズムを探る［第 2 版］』サイエンス社　2019

○眞邉一近『ポテンシャル学習心理学』サイエンス社　2019

○澤 幸祐『私たちは学習している―行動と環境の統一的理解に向けて』ちとせプレス　2021

○メイザー『メイザーの学習と行動（日本語版第 3 版）』二瓶社　2008

○ドムヤン『ドムヤンの学習と行動の原理（原著第 7 版）』北大路書房　2022

○今田寛（監）・中島定彦（編）『学習心理学における古典的条件づけの理論―パヴロフから連合学習研究の最先端まで』培風館　2003

○佐々木正伸（編）（1982）『現代基礎心理学―学習 I：基礎過程』東京大学出版会　1982

○石田雅人『強化の学習心理学―連合か認知か』北大路書房　1989

○水原幸夫『強化系列学習に関する認知論的研究』北大路書房　2006

○小牧純爾『学習理論の生成と展開―動機づけと認知行動の基礎』ナカニシヤ出版　2012

○廣中直行『心理学研究法 3 ―学習・動機・情動』誠信書房　2011

○ピアース『動物の認知学習心理学』北大路書房　1990

○岡市広成『海馬の心理学的機能の研究―空間認知と場所学習』ソフィア社　1996

○山口恒夫（監）『昆虫はスーパー脳』技術評論社　2008

○水波 誠『昆虫―驚異の微小脳』中公新書　2006

○山口恒夫ほか（編）『もうひとつの脳―微小脳の研究入門』培風館　2005

○松尾亮太『考えるナメクジ―人間をしのぐ驚異の脳機能』さくら舎　2020

○ギンズバーグ＆ヤブロンカ『動物意識の誕生―生体システム理論と学習理論から解き明かす心の進化（上・下）』勁草書房　2021

第6章❖記憶

　1885年に心理学者**エビングハウス**（H. Ebbinghaus）が、**記憶 memory** という心の働きを忘却曲線として可視化して以来、記憶は科学的な心理学の研究テーマとなりました。しかし、記憶そのものは眼に見えないため、普遍的な行動法則を求める行動主義の時代には、記憶の研究はあまり盛んではありませんでした。動物心理学では特にそれが顕著で、記憶研究は学習研究の一部としてささやかに行われていたに過ぎません。

　しかし、斬新な実験方法を手に「心の復権」をうたう認知心理学の影響が1970年頃から次第に動物心理学にも及ぶようになり（→ p. 17）、ヒトの記憶を、ごく短時間の情報保持メカニズムである**短期記憶 short-term memory**（**STM**）と、永久的で大容量の**長期記憶 long-term memory**（**LTM**）に区分する**2 貯蔵庫説**が、動物心理学にも導入されました。なお、課題実行中に能動的に作用する記憶の働きを、**作業記憶**（**作動記憶**）**working memory** といい、2 貯蔵庫説では短期記憶の別名として位置づけられています。いっぽう、長期記憶は必要に応じて引き出されて用いられる対象であることから、**参照記憶 reference memory** と呼ばれます。なお。認知心理学の枠組では、記憶の 3 つの働き（記銘・保持・想起）を、コンピュータによる情報処理プロセスになぞらえて、それぞれ、**符号化 encoding・貯蔵 storage・検索 retrieval** とも呼ぶこともあります。

　ヒトの記憶実験では被験者に記憶課題を与える際、「何を憶えるべきか」を被験者に教示します。また実験後には「何を憶えていたか」を言葉で聞き出すこともできます。しかし、動物の場合は教示も事後報告も困難ですから、被験体が実験者の意図とは異なる方法で課題を解決していたり、憶えているのに行動成績に反映されないこともありえます。したがって、動物の記憶実験を計画し、結果を解釈する際は十分に気をつけねばなりません。こうした事情から、動物の記憶研究では独特の行動実験技術が開発され、さまざまな研究成果が得られています。

1. 短期記憶の行動的研究法

(1) 生得的行動と短期馴化

　動物の短期記憶能力は生得的行動の観察や実験から知ることができます。例えば、動物は「右に曲がったら次は左」のように、分岐点である方向に曲がると次の分岐点では逆方向に曲がる生得的傾向があります。こうした**交替性転向反応は turn alternation** は多くの動物種で見られますが、特に顕著なのはワラジムシやダンゴムシです[6]。転向反応傾向は第1分岐点から第2分岐点までの距離が長く、したがって所要時間も長くなると弱まるため、転向反応の強さは「前にどちらに曲がったか」という短期記憶の指標とみなせます。ただし、距離と時間の効果を個別に検討すると、距離（歩脚運動量）のほうが時間（第1分岐点での選択からの経過時間）よりも転向反応の強さに及ぼす影響が大きいようです[7]。このため、転向反応の強さを短期記憶の指標とするのであれば、そこで問う「記憶」は、時間よりも活動によって忘却する性質を持つものだということになります。

　さて、刺激に対する生得的な反応は、刺激の繰り返しにより馴化しますが（→ p.82）、馴化が生じるにはその刺激が呈示されたことを憶えている必要があります。つまり、馴化は記憶の一種です。馴化は数秒から数時間程度の短期馴化と数日に及ぶ長期馴化に分けられます[8]。このうち短期馴化が短期記憶に相当しますから、これを用いて短期記憶の研究を行うことができます。

(2) 痕跡条件づけ

　古典的条件づけ（→ p.84）では通常、条件刺激（CS）の呈示中あるいは呈示終了と同時に無条件刺激（US）を呈示する**延滞条件づけ delay conditioning**手続きが用いられます。しかし、CS の呈示終了から US の呈示開始までに空白の時間を設けることもあり、この手続きは、CS の記憶痕跡が関わるという意味で**痕跡条件づけ trace conditioning** と名づけられています[9]（図6-1）。条件づけ形成可能な空白時間（痕跡間隔）の長さは、測定する条件反応（CR）や試行間隔に大きく依存します。このため、痕跡間隔が何秒まで条件づけができるかをその動物種の記憶力の指標とするのは妥当ではありませ

ん。しかし、痕跡条件づけの研究からも記憶の性質に関する情報を得ることはできます。例えば、痕跡間隔に他の刺激（ブリッジ bridge）を挿入すると条件づけ

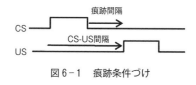

図6-1　痕跡条件づけ

が促進しますが[10]、これはブリッジが CS と US の遠隔連合を形成するための記憶の「触媒」となり得ることを示しています[11]。

（3）遅延強化手続き

　オペラント条件づけ（→ p.86）では、反応から強化子呈示までに空白時間を設ける手続きを**遅延強化 delayed reinforcement** 手続きといい、即時強化よりも反応形成・維持が困難です[12]。しかし、痕跡条件づけの場合と同様に、空白時間（遅延時間）をつなぐ刺激によって、成績は向上します。具体的には、イルカトレーナーはイルカが芸をした瞬間に笛を吹き[13]、イヌのしつけ訓練では反応直後にクリッカーを鳴らします[14]。ブレランド夫妻（→ p.15）はこうした刺激を「ブリッジ」と呼びました[15]。この場合、ブリッジ自体が強化子としてはたらきます[16]。つまり、**習得性強化子 acquired reinforcer（2 次強化子 secondary reinforcer）**であり、その後に与えられる餌などの**生得性強化子 innate reinforcer（1 次強化子 primary reinforcer）**を信号します。

　反応直後に与える刺激は習得性強化子として反応を強化するだけでなく、反応の記憶を鮮明にする作用を持ちます。例えば、迷路の左右 2 つの通路のうちどちらかの先に餌を置いた迷路で、ラットが通路を選択してから餌を得るまで数秒を要するような課題を与えたとしましょう。このような実験では、ラットが通路を選択した瞬間に強い刺激（例えば、大きな音）を毎回必ず与えると、正しい通路を選ぶ学習が促進します（**マーキング効果 marking effect**）[17]。こうした実験では強い刺激（マーキング刺激）は選択の正誤に関わらず与えられます。習得性強化は正しい選択にも誤った選択にも作用しますから、正答率向上を習得性強化だけで説明するのは困難です。マーキング刺激は選択反応の記憶痕跡を活性化する（どのように反応したか、はっきり記銘させる）機能があると考えられています。

（4）遅延反応課題

　短期記憶の種間比較研究は、心理学者ハンター（W. S. Hunter）による**遅延反応 delayed reaction** 課題に始まります[18]。彼が用いた装置（図6-1）では、3つの電球のうち1つが点灯して消え、所定の遅延時間後、かつて点灯していた電球を選ぶと餌が与えられました。訓練できた最長の遅延時間はラット10秒、アライグマ25秒、イヌ1分、6歳児25分でした。図6-2は遅延反応課題をWGTA（→ p.81）で実施した霊長類6種の比較です[19]。遅延反応課題では、遅延時間中、その部屋の方向に体を向け続けるといった定位反応を媒介的に使用することが可能です。実際にそうした反応が遅延中に見られるとの報告がある一方で[20]、定位反応と記憶成績には関係がないとの報告もあります[21]。図6-2に成績が示された実験のニホンザルは、その後のテストで遅延時間が10分を超えても80％以上の正答率を示し、媒介反応は確認できなかったと報告されていますが、実験者が気づかなかっただけかもしれません。

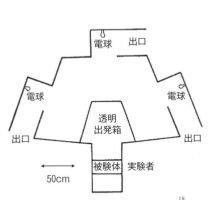

図6-1　アライグマの遅延反応装置[18]

ドアが開くと被験体はガラス製の透明出発箱に移動し、そこから3つの電球のうち1つが点灯するのを見ることができます。電球消灯から所定時間が経過した後、透明出発箱のガラスドアが開きます。かつて点灯していた電球を選ぶと出口で餌が与えられました。ラット用、イヌ用、幼児用の装置はそれぞれ形や寸法がこれとは異なりますが、すべて選択肢は3つでした。

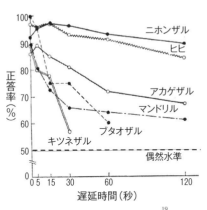

図6-2　遅延反応課題の成績[19]

実験者が左右どちらかの穴に餌を入れてサルに見せた後、両方の穴を2本の円柱でふさぎます。遅延時間後、サルは左右いずれかの円柱を選んで、その下の穴に餌があればそれを与えられます。まったくランダムに選べば正答率は50％です。なお、ニホンザル以外のデータは同様の場面で他の研究チームが得たデータに基づいているため、この6種のサルのうちニホンザルが本当に最も記憶力が良いかどうか疑問があります。

（5）遅延見本合わせ

定位反応のような行動的な媒介によって遅延課題を解決する場合、「頭の中で憶えておく」という一般的な意味での「記憶」とは異なります。そこで、定位反応の成績への関与を排除するため、遅延見本合わせ課題（→ p.89）が用いられます。ハトを用いた典型的な実験では、3つの反応キーの中央に見本刺激を呈示します（図6-3）。見本刺激呈示終了後しばらくして左右のキーに比較刺激を呈示します。この遅延時間を操作して、短期記憶を調べることがで

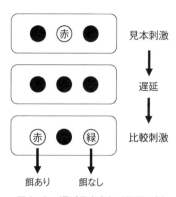

図6-3　遅延見本合わせ課題の例

3つの反応キーを持つハト用スキナー箱で、同一遅延見本合わせを行う場合です。見本刺激の種類や正答の左右位置は試行ごとに異なります。

きます。正しい比較刺激が左右どちらに呈示されるかは不規則ですから、遅延反応課題のように定位反応を媒介とするのは困難です。ただし、「頭を振る」「激しくつつく」など、見本刺激に合わせて異なる反応を自発し、それを遅延時間中も継続することで、比較刺激呈示時にその動きを手がかりとして比較刺激を選ぶことがあります[22]。また、見本刺激ごとに異なる反応を積極的に訓練すると記憶成績が向上することが確認されています[23]。

上述の遅延見本合わせ課題は、遅延時間後に複数の比較刺激の中から正しいものを選ぶ選択型見本合わせですが、遅延継時見本合わせ課題（→ p.89）でも、見本刺激後に遅延時間を設ければ短期記憶課題として使用できます。

（6）放射状迷路

ハトやサルに比べ視覚に劣りますが空間能力に長けたラットを対象とした記憶研究では、迷路課題もよく用いられます。最も代表的なのは放射状迷路課題（→ p.91）で、出発地点（中央プラットフォーム）から放射状に延びる複数の選択肢（通常は8本）の先端に置かれた餌粒をすべて回収するよう求められます。このとき、同じ選択肢を2度選ばないためには、選択肢に関する短期記憶が必要となります。

２．短期記憶の諸相

（１）忘却

ヒトの短期記憶研究では、忘却は情報の減衰や、他の情報による干渉また
は置換によるとされています[24]。動物の記憶研究でもこうした解釈を支持する
結果が報告されています。例えば、遅延見本合わせ課題では、記憶すべき対
象（ここでは見本刺激）の呈示時間が長いとなかなか忘却しません（図6−
4）。これは強い記憶痕跡は減衰しにくいことを示唆しており、忘却は記憶
情報の減衰によるとする**減衰説 decay theory** に合致する結果です。

いっぽう、忘却は記憶対象が他の刺激からの干渉を受けることで生じると
いう**干渉説 interference theory** を支持する実験も少なくありません。例え
ば、図6−5はカブオザルに視覚刺激を用いた遅延見本合わせ課題を行った
いくつかの実験結果をまとめたものです。見本刺激の呈示直後や直前に無関
係な刺激を呈示すると記憶成績は悪化しました（逆向干渉・順向干渉）。試行
間隔が短いと成績が悪いのも、直前の試行からの干渉（試行間干渉）による
と考えられます。

なお、記憶の2貯蔵庫説（→ p.99）では、短期記憶を維持するには心的リ
ハーサルが必要だと仮定していますから、こうした干渉は見本刺激のリハー
サルを阻害することによって生じたと解釈することもできます。また、本章
扉で触れたように、動物実験では教示も事後報告も困難ですから、記憶して
回答すべき刺激を勘違いした
だけかもしれません。

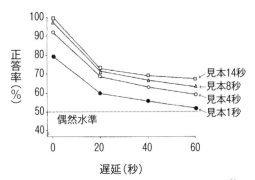

図6−4　ハトの遅延見本合わせにおける忘却曲線[25]
遅延時間0秒で訓練した後に、0秒、20秒、40秒、60秒の遅
延でテストした結果です。

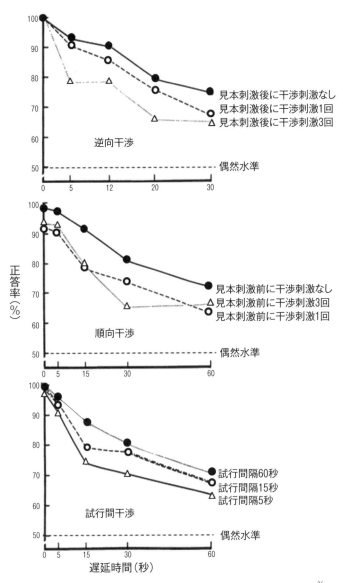

図6-5　カブオザルの選択型遅延見本合わせ成績に及ぼす干渉効果[26]

（2）記憶表象

　神経生理学者コノルスキー（E. Konorski）は、遅延時間に動物が保持しているイメージ（記憶表象 memory representation）には、何を経験したかという**回想記憶（回顧的記憶）retrospective memory** だけでなく、これから何をすべきかという**展望記憶（予見的記憶）prospective memory** があることを指摘しました。[27] 遅延見本合わせ課題でいえば、「見本刺激が何であったか」が回想記憶、「どの比較刺激に反応すべきか」が展望記憶です。

　図 6-6 はハトの遅延見本合わせ課題習得後の遅延テスト成績です。色（赤・緑）を見本刺激と比較刺激に用いた同一見本合わせ課題を行った「色→色」群は、線（垂直線・水平線）を見本刺激と比較刺激に用いた同一見本合わせ課題を行った「線→線」群よりも成績がよいことがわかります。図に示した残り 2 群は、遅延象徴見本合わせ課題（図 6-7）で訓練しました。具体的には、「色→線」群では、見本刺激が赤のときは垂直線を選べば正答、見本刺激が緑のときは水平線を選ぶと正答でした。いっぽう「線→色」群では、見本刺激は垂直線のときは赤を選べば正答、見本刺激が水平線のときは緑を選ぶと正答でした。遅延テストでの「色→線」群の成績は「色→色」群とほぼ同じで、「線→色」群の成績は「線→線」群とほぼ同じですから、遅延時間中にハトが保持しているのは見本刺激のイメージ（回想記憶）だと思われます。

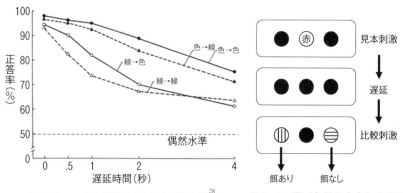

図 6-6　ハトの遅延見本合わせ課題の成績[28]
群名は用いた見本刺激と比較刺激の種類です。

図 6-7　遅延象徴見本合わせ課題
の例

この実験結果はハトが回想的な記憶表象を使用していることを示していますが、展望的な記憶表象が用いられているという証拠もあります。なお、この実験でも、比較刺激が色の場合には線の場合よりも成績がややよいのは、展望的記憶表象の関与がいくらかあることを示唆しています。

　心理学者**ロイトブラット**（H.L.Roitblat）は、極めて巧妙な実験計画でハトの遅延象徴見本合わせ課題の誤答パターンを分析して、記憶表象は展望的であると主張しました[29]。具体的には、3種類の色と3種類の線を図6-8の実線矢印の関係で訓練し、遅延を挿入してテストしました。もし、ハトが見本刺激のイメージを保持しているのなら（回想記憶）、遅延時間中に記憶が薄れると、よく似た赤と橙の混同が生じるはずですから、見本刺激が橙のときは水平線を選ぶエラー（点線矢印 a）が生じやすいでしょう。いっぽう、比較刺激のイメージを保持しているなら（展望記憶）、遅延時間中に記憶が薄れると、よく似た右微傾線と垂直線の混同が生じ、見本刺激が橙のときは垂直線を選ぶエラー（点線矢印 b）が生じがちになるでしょう。テスト結果は、ハトの記憶表象が展望的であることを支持するものでした。

　動物は課題によって回想的表象と展望的表象を柔軟に使い分けられることも報告されています（→ p. 114）。記憶表象の柔軟な使い分けは、記憶が単なる機械的過程ではなく、動物は自らの記憶を制御できることを意味しています。

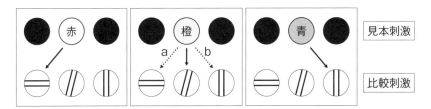

図6-8　ロイトブラットの実験で2羽のハトに与えた象徴見本合わせ課題
見本刺激は3種類の色のうちから1つだけ呈示され、比較刺激は3種類の線が同時に呈示されました（比較刺激の呈示位置は試行ごとに異なりましたが、この図では固定しています）。正しい組み合わせ（実線矢印）であれば餌が与えられました。遅延が長くなるとaエラーがbエラーよりも多くなったことから、記憶表象は展望的だと結論されました。なお、別の1羽を見本刺激が線、比較刺激が色で訓練してテストしたところ、やはり展望的記憶を示唆していました（ただし、統計的には有意でありませんでした）。

（3）指示性忘却

　ヒトは経験したことや行うべきことを、他者から忘れるよう指示されたり、自分で忘れるよう努めると、完全に忘却しないまでも思い出しにくくなります（**指示忘却 directed forgetting**[30]）。動物では、ハトの見本合わせ課題で最も研究されており、図6-9はそうした実験の1つ[31]を図示したものです。

　遅延時間に中央キーに○が呈示された想起試行では比較刺激の選択機会がありますが、△が呈示された忘却試行では比較刺激は出現しません（省略手続き）。つまり、忘却試行では記憶する必要がありません。この訓練を行った後、遅延中に△を呈示したにもかかわらず比較刺激を選択させる「抜き打ちテスト」を実施すると、成績不良でした。しかし、忘却試行では△が出たら試行終了で、餌も与えられなかったわけですから、△は選択時の注意力や動機づけを低下する働きをしただけかもしれません。そこで考案されたのが、△のときは記憶に基づかない課題に従事させる置換手続きです。具体的には垂直線と水平線の同時弁別課題を行わせました（見本刺激の色にかかわらず、垂直線を選べば餌が与えられました）。こうした訓練の後で「抜き打ちテスト」をした場合、記憶成績は低下せず指示忘却の証拠が得られませんでした。その後の諸研究でも、置換手続きを用いた場合には指示忘却現象の確認に成功していません[32]。しかし、見本合わせ課題中に他の記憶課題を加えて記憶負荷を高めると、置換手続きでも指示忘却が確認されます[33]。ヒトでも忘れると都合がよいのは、ほかに憶えねばならない事柄があるときでしょう。

　単純な見本合わせ課題で省略手続きを用いたリスザルの実験[34]、複雑な見本

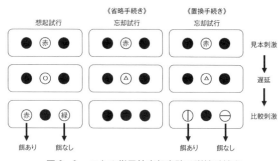

図6-9　ハトの指示性忘却実験の訓練手続き

合わせ課題で置換手続きを用いたアカゲザルの実験[35]、ラットの放射状迷路課題で省略手続きの実験[36]、置換手続きの実験[37]でも、指示忘却が確認されています。

（4）メタ記憶

　自己の記憶に関する知識を**メタ記憶 metamemory**[38] といいます。これは自己の意識状態を能動的に把握する**メタ認知 metacognition**[39] の一種とされ、ヒトでは幼児の認知発達研究を主舞台に研究が重ねられてきました。動物のメタ記憶の能力は主に見本合わせ手続きを拡張した実験で調べられています[40]。

　図6-10はアカゲザルの実験例です。見本刺激の消失後、好物の餌がもらえるテスト課題と、あまり好きではない餌が簡単に得られる容易課題を選べます。サルは、遅延時間が長くなるとテスト課題を避けて容易課題を選びがちになりました（遅延時間が長くなると記憶に自信がなくなっていくことを示唆しています）。また、テスト課題を選んだ試行では、強制的にテスト課題を受けさせた場合と比べて、成績が優れていました（積極的にテスト課題を選ぶのは、記憶に自信がある場合というわけです）。さらに、見本刺激を呈示しなかった場合、サルはテスト課題を避けて容易課題を選びがちでした（記憶がないときはテストを敬遠するのです）。

　メタ記憶はオランウータン[42]、リスザル[43]、ラット[44]で確認されています。ハトでは長期間の訓練によってメタ記憶を示す個体がいるようです[45]。ハシブトガラスでもメタ記憶を示唆する結果が得られています[46]。

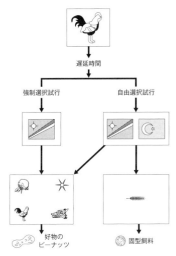

図6-10　アカゲザルのメタ記憶実験の手続き[41]

画面中央に呈示された見本刺激に3回触れると見本刺激が消えて遅延時間に入ります。その後、自由選択試行では、マーシャル諸島国旗とトルコ国旗が呈示されます。マーシャル諸島国旗に触れると四隅に比較刺激が現れるテスト課題となり、見本刺激と同じ比較刺激を選べば好物のピーナッツが与えられます。トルコ国旗に触れると小麦図形だけが現れる容易課題となり、小麦図形に触れると固型飼料が与えられます。強制選択試行ではマーシャル諸島国旗だけが呈示され、テスト課題に自動的に進みます。

3．長期記憶の行動的研究法

　2貯蔵庫説（→ p. 99）では、ひとたび長期記憶に貯蔵された情報はほとんど失われず、思い出せないのは検索に失敗するためだと仮定しています。

（1）生得的行動と長期馴化

　動物の生得的行動のなかにも、長期記憶とよべるものが少なからず見られます。例えば、野生のハイイロホシガラスは秋に1羽あたり約7,500ヶ所に松の種を隠し（貯食 food caching）、その約3割を回収すると推定されています[47]。なお、岩や木を置いて野生環境を模した実験室では4〜5日後の回収率が5〜8割でしたが、岩や木を動かすと成績は低下しました[48]。

　生得的行動の長期馴化も長期記憶の一種です。例えば、アメフラシの背部に触れると水管引込め反応が生じます。これを繰り返すと水管が引っ込んでいる時間は徐々に短くなります。10試行を5日間実施した図6-11の実験では、日内の反応低下が短期馴化（短期記憶）で、日々の減少が長期馴化（長期記憶）です。さらに、半数の個体は馴化訓練の1週間後、残り半数は3週間後に再び10試行実施しました。1週間ではまったく忘却が生じておらず、

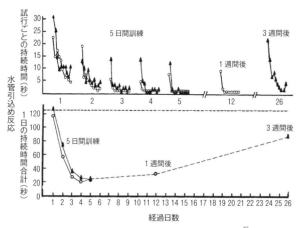

図6-11　アメフラシの水管引込め反応の馴化[49]

1日あたり10試行実施しました。上パネルは試行ごとに持続時間を示したもの、下パネルは10試行分の持続時間を合計したものです。5日間訓練した後、〇群は1週間後にテスト、▲群は3週間後にテストしました。

3週間後でも訓練初日の水準に達していません。なお、アメフラシの寿命は約1年ですから、その3週間は単純計算でヒトの4～5年に相当します。

（2）条件づけ

古典的条件づけでもオペラント条件づけでも、十分に学習された行動は長期間保たれます。例えば、渇状態にあるコオロギ（寿命は12～16週間）にバニラ（またはペパーミント）の匂い（CS）をかがせながら水道水（US）を与える試行を5回実施して、その匂いへの好みを形成した10週間後にテストしたところ、好みが保持されていました。コオロギの寿命は12～16週間ですから、ヒトの寿命をもとに単純換算すれば数十年に及ぶ記憶に相当します。[50]

オペラント条件づけの記憶も長期的です。餌を強化子としてキーつつきを訓練したハト（寿命は十数年）を4年後にテストしたところ、キー点灯から2秒後にはつつき始め、餌を与えなくても700回もつついたとスキナー（→ p. 12）は記しています。また、バンドウイルカ（寿命は約40年）は20年間も聞いていなかった仲間の声を認識して反応するという実験報告もあります。[51][52]

（3）刺激弁別学習

ヒトの長期記憶が半永久的だとすれば、記憶容量はほぼ無制限ということになります。動物の長期記憶容量に関する最も有名な研究は、ハトによるスライド刺激（そのほとんどは風景写真）の弁別学習実験でしょう。この実験では、実験者があらかじめ320枚の写真をランダムに半数ずつ（A組160枚、B組160枚）に分けておき、A組の写真が1枚パネルに映写されたときにはつつけば餌がもらえますが、B組の写真のときは餌がもらえないという刺激弁別訓練を行っています。約7ヶ月でほぼ間違いなく区別できるようになったことから、写真の長期記憶は少なくとも300枚分はあるとされました（訓練から2年後にテストしても、成績低下はほとんど見られませんでした）。なお、他の研究者らによる発展的研究では、ハトで800～1,200枚、ヒヒでは3,500～5,000枚の写真を記憶可能だと推定されています。また、ハイイロホシガラスで500枚弱、ヒトは3,400枚との結果が得られています。[53][54][55][56]

4．長期記憶の諸相

（1）系列学習

　刺激系列の長期記憶は**系列学習 serial learning** として研究されています。古くから研究が盛んなのは、走路や迷路の走行場面で餌報酬の規則的変化に応じてラットの行動が変化するかを調べる**系列パターン学習 serial pattern learning** です[57]。例えば、ラットを直線走路で 1 日につき25回走らせるとしましょう。目標箱で与える餌粒の数が14→ 7 → 3 → 1 → 0 →14→ 7 → 3 → 1 → 0 →14→ 7 → 3 → 1 → 0 →14→ 7 → 3 → 1 → 0 →14→ 7 → 3 → 1 → 0 であれば、ラットは走路を毎回疾駆します。しかし、餌粒が 0 個であった走行と次の餌粒14個の走行の間に、10〜15分の休憩を設けたり、目標箱の左右位置を変えたりすると、「14→ 7 → 3 → 1 → 0 」が 1 つのまとまり（**チャンク chunk**）と知覚され、分節化によって「14→ 7 → 3 → 1 → 0 」という単調減少パターンの長期記憶が容易になって、餌粒の量に応じた熱心さで走るようになります[58]。

（2）陳述記憶

　ヒトの長期記憶は、**非陳述記憶 nondeclarative memory** と**陳述記憶 declarative memory** に大別されます[59]。非陳述記憶とは、馴化や条件づけなどに代表されるもので、言語的意識を伴わずに生じるため**潜在記憶 implicit memory** とも呼ばれます。これに対し、陳述記憶は言語的意識を伴うもので**顕在記憶 explicit memory** とも呼ばれます。陳述記憶は、物の名称など一般的知識に関する**意味記憶 semantic memory** と個人的な出来事の体験的思い出である**エピソード記憶 episodic memory** に細分化できます[60]。

　動物に言語的意識がないとすれば、動物の長期記憶はすべて非陳述記憶です。しかし、動物種によっては、言語的意識の萌芽があるかもしれません。言語訓練（第 7 章参照）をしたあるチンパンジーは20年以上使わなかった記号の意味を正しく理解ができました[61]。これは意味記憶といえるでしょう。

　もう 1 つの陳述記憶であるエピソード記憶は動物に存在するでしょうか。エピソード記憶は「時間的に特定され、空間的に位置づけられた個人的体験や、諸体験間の時空間的関係を貯蔵し検索すること[62]」です。つまり「何を

（what）」「どこで（where）」「いつ（when）」経験したかについての個人的記憶です。こうした記憶を英語の頭文字を取って**WWW 記憶**と呼びます。[63] 動物におけるWWW 記憶研究は、貯食習性のあるカケスを用いて動物心理学者**クレイトン**（N. S. Clayton）と**ディッキンソン**（A. Dickinson）が行った実験を嚆矢とします。[64] カケスはピーナツより芋虫を好みますが、腐った芋虫は食べません。芋虫は腐りやすいことを事前に教えておいたカケスに、砂を入れた深皿の好きな場所に芋虫とピーナツを隠す機会を与えてから、空腹時に回収させると、合理的な選択を示しました（表6-1）。同様の結果が貯食習性を持つカササギ[65]やアメリカコガラ[66]でも再現されています。

　貯食習性がない動物でも、実験状況を工夫することでWWW 記憶の存在を実証した研究があります。具体的には、新奇物体の探索状況でラット[67]、マウス[68]、ミニブタ[69]、ゼブラフィッシュ[70]、食物を回収する状況で大型類人猿[71]、ラット[72]、ハチドリ[73]、コウイカ[74]、視覚弁別学習状況でミツバチ[75]で、WWW 記憶が示されています。なお、コウイカではこの能力は加齢の影響を受けないようです。[76]

　こうした研究は、いくつかの動物種にはエピソード記憶に似たもの（**エピソード的記憶 episodic-like memory**）があることを示しています。[77] しかし、ヒトは過去を回想して追体験できます。つまり**心的時間旅行 mental time travel** が可能であり、認知心理学者**タルビング**（E. Tulving）はこれをエピソード記憶の特徴としました。[78] 動物にそうした能力はあるでしょうか？　トレーナーが身振りで示す「直前の行動を繰り返せ」というハンドサイン（身振り）に従うよう訓練したバンドウイルカは、自由にふるまっているときに突然このハンドサインが出された場合でも、直前の行動を繰り返すことができました。[79] イルカは過去の行動を回想したのかもしれません。しかし、これはせいぜい1〜2分以内の過去の出来事の回想で、長期記憶ではありません。動物も心的時間旅行ができるという証拠はまだ不十分です。

表6-1　カケスのWWW 記憶実験の手続きの例

貯食期 1	→	貯食期 2	→	回収期		
芋虫	120時間	ピーナツ	4時間	ピーナツ隠し場所	対	芋虫隠し場所

注：回収期の枠囲みは多かった選択です。なお、最後に隠した場所を選ぶわけではないことは別の実験で確認しています。

回想記憶と展望記憶の切り替え

　放射状迷路課題では複数の選択肢末端にあるすべての餌を回収する必要があります。この課題で、ラットは2種類の短期記憶方略を使用できます。1つは「どの選択肢を訪れたか」という回想的方略で、次々と選択を行うたびに憶える場所が増えていきます（記憶負荷が大きくなります）。もう1つは「どの選択肢をまだ訪れていないか」という展望的方略で、これは選択するたびに記憶負荷が小さくなります。図6−12は12本の選択肢を持つ放射状迷路で十分に訓練した後、課題従事中に15分間の遅延をはさんだテスト結果です。成績が悪いのは記憶負荷が大きいときです。6選択後の遅延で最も成績が悪いことから、このときに記憶負荷が最大になっているといえます。おそらく、ラットはまず「どこを訪れたか」という回想的方略を用いて餌を回収し、記憶負荷が大きくなった時点で「どこを訪れるべきか」という展望的方略に切り替えて記憶負荷を小さくしていると推察できます。

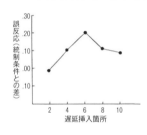

図6−12　12の選択肢を持つ放射状迷路の遅延テストでの誤反応[80]

15分間の遅延が2、4、6、8、または10選択後に挿入されました。誤反応は既に訪れた選択肢を再び選択してしまうことです。課題の性格上、試行が進むにつれて正しい選択肢（未訪問の選択肢）が少なくなっていくため、統制条件との差を成績としています。

チンパンジーの数列と場所の短期記憶

　京都大学霊長類研究所のチンパンジーは、画面上のランダムな位置に呈示される1から9までの数字を順にタッチできます（これは長期記憶の系列学習です）。短期記憶テストでは、1から9までの数字のうち5つが呈示され、1をタッチした瞬間、残り4つの数字は四角形で隠されますが、数字の位置の記憶をもとに、それらを順に選ぶことができます[81]。9つすべての数字が呈示される課題でもよい成績を収めたり[82]、ヒトよりもはるかに正確に課題をこなすチンパンジーもいます[83]。ただし、ヒトでも十分な訓練を受ければチンパンジーの最優秀個体なみに優れた成績を収めることができるようです[84]。

column ■ 系列記憶

　連続して呈示される複数刺激からなる系列の記憶を**系列記憶 list memory** と
いいます。例えば、図6-13は4枚の写真を順次呈示してからテスト刺激を1
つ呈示して、それが刺激系列の中にあったかどうかを問う**系列プローブ再認課
題 seral probe recognition task** でのハト、アカゲザル、ヒトの成績です。刺激
系列の直後にテストされるとリスト末端の成績がよく（新近性効果）、遅延時間
が長いときはリスト始端の成績がよい（初頭効果）ことがわかります。適度な
遅延時間ではU字型の系列位置曲線が得られています。

　新近性効果から初頭効果に移行する遅延時間の長さは動物種によって異なっ
ていますが、3つの動物種はすべて同じように移行しており、系列記憶の機序
はどの動物でも質的に同じであることを示唆しています。なお、聴覚刺激を系
列呈示した場合は、刺激系列直後にテストされると初頭効果、遅延時間が長い
ときに新近性効果が見られるという、視覚刺激系列とは正反対の結果がアカゲ
ザルで得られていて[85]、他種での追試が望まれます。

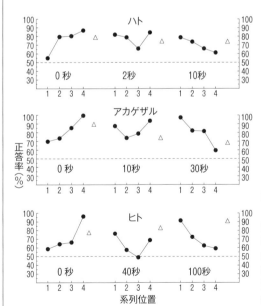

**図6-13　系列プローブ再認課
題の成績[86]**

元の図から各動物種につき3つの
遅延時間のグラフのみ抽出して作
成しました。△はテスト刺激が系
列に含まれていないとき（正しく
「なし」反応をすべきとき）の成
績です。点線は偶然水準です。

◆さらに知りたい人のために

○佐藤方哉（編）『現代基礎心理学 6 ―学習 II』東京大学出版会　1983

○川合伸幸『心の輪郭―比較認知科学から見た知性の進化』北大路書房　2006

○スクワイヤ＆カンデル『記憶のしくみ（上）―脳の認知と記憶システム』講談社ブルー
バックス　2013

○スクワイヤ＆カンデル『記憶のしくみ（下）―脳の記憶貯蔵のメカニズム』講談社ブ
ルーバックス　2013

○カンデル他（編）『カンデル神経科学』メディカルサイエンスインターナショナル
2014

○日本比較生理生化学会（編）『動物は何を考えているのか？―学習と記憶の比較生物
学』共立出版　2009

○滋野修一ほか（編）『遺伝子から解き明かす脳の不思議な世界―進化する生命の中枢の
5億年』一色出版　2018

第7章❖コミュニケーションと「ことば」

　動物は種内あるいは種間で他個体とコミュニケーションしながら暮らしています。それを動物の「ことば」と表現することもできるでしょう。古代イスラエルのソロモン王は、指輪の力で動植物と話ができたといいます。イタリアの都市アッシジ生まれの聖フランチェスコは小鳥や獣に説教し、オオカミを回心させたとの逸話が伝わります。児童文学の主人公ドリトル先生も動物と自由に会話できるという設定です。これらはフィクションですが、動物の「ことば」を理解しようとする科学的営みも行われています。

　コミュニケーション communication という言葉を広く定義すれば、生物個体間の情報伝達ですから、ある植物個体が放出した化学物質が他の植物個体に影響するという他感作用もコミュニケーションの一種になります（→ p.7）。ヒトはしばしば意図的な情報発信を行いますが、動物の場合は**意図 intension** を持っているかどうかは確認困難ですし、植物に「意図」という言葉を使用すると擬人化がすぎるでしょう。

　しかし、動植物のコミュニケーションにおいても、情報の発信者（送り手）は何らかの内的状態を受信者（受け手）に伝えています。この内的状態を**メッセージ message** と呼び、情報の受け手にとっての**意味 meaning** と区別することがあります。例えば、繁殖期の小鳥の雄の歌は「発情」という内的状態を示すメッセージですが、それは同種の他雄にとっては「縄張り宣言」、同種の雌にとっては「パートナー募集中」の意味になります。

　表情もコミュニケーションの1つです。下図はダーウィンの『人と動物の表情について』(1872) に掲載された挿絵で、左から順に、威嚇するネコ、うなるイヌ、なでられて喜ぶクロザル、不平を示すチンパンジーです。

1．コミュニケーション

ヒトの情報伝達では、相手が遠く離れていても知覚できる遠感覚（視覚・聴覚）が中心ですから、本節ではこの2つについて取り上げます。動物種によっては嗅覚も遠くから知覚可能です（→ p. 131）。なお、互いの被毛をなめて毛づくろい（**グルーミング grooming**）するなどの触覚も重要ですし、複数の刺激モダリティ（様相）を介したコミュニケーションもあります。

（1）視覚的コミュニケーション

魚類・両生類・爬虫類・鳥類は表情筋がないため顔の表情を変えられませんが、口をあけたり眼を閉じたり、顔をそらすといった所作から、彼らの好悪感情を推測することができます。哺乳類、特にイヌや霊長類の顔面表情は一般に豊かで、ヒトとの共通性もあるため、了解は比較的容易です。**顔面動作符号化システム Facial Action Coding System（FACS）** はヒトの表情分析ツールとして開発されたものですが、その改訂版を手本として、チンパンジー・オランウータン・テナガザル・アカゲザル・イヌ・ネコ・ウマの表情についても符号化システムが作成されています。FACS に基づいていませんが、ウサギ、マウス、ラットについても客観的な表情分析方法があります。

感情状態は身体にも表れますから、顔面表情の乏しい動物種でも姿勢や動作に感情を見て取ることができます。顔であれ身体であれ動物の表情は**自然表情 spontaneous expression** であり、作為的な**意図的表情 deliberate expression** ではありません。ペットとして最も一般的なイヌについて、その顔面表情と身体表情を図7-1に示します。イヌの場合、喜びに興奮したときに尾を振り、威嚇するときに尾を立てます。ただし、尾だけで感情を推し量るのは不適切で、他の身体部位の状態や動きにも注意する必要があります。例えば、イヌも威嚇時に尾を振ることがあります。実験室でイヌに画像を見せて尾の動きを記録したところ、画像が飼い主のとき尾は右に振られることが多く、未知のイヌの画像では尾が左に振られることが多かったようです。イヌが尾を右に振ると快、左に振ると不快のサインであることは、それを見たイヌの行動や心拍を測定した研究でも確かめられています。ただし、

実験室外では尾を振る向きと感情の間に明白な関係が認められないとの報告があります[10]。

　顔や身体の表情は相手に感情状態を伝えるだけでなく、個体間の社会的距離を調節する機能を持ちます。特に、個体間の攻撃を和らげるための動作を**カーミング・シグナル calming signal** といい、イヌでは、顔を背ける、あくびをする、すれ違う際に半弧を描くように互いに距離をとるといった行動[11]で、こうした動作によって攻撃頻度が低くなるようです[12]。

　多くの鳥類が示す求愛ダンスや、ホタルの点滅、イカの体色変化など、求愛時に行われる視覚を介したコミュニケーションも身体表情の例とみなすことができます。身体表情は威嚇・宥和（ゆうわ）・求愛などさまざまな意味を持つ信号になります。生得的な身体表情は、進化の過程で信号として特殊化した定型的行動で、動物行動学ではそうした行動を**ディスプレイ display** と呼びます。

　視覚的コミュニケーションは顔面や身体の表情に限りません。例えば、アズマヤドリの雄は求愛場所を青色の物で飾り立てて雌を誘います。ネコが木などにつける引掻き傷は、なわばりを示す視覚的マーキングですし、チンパンジーが棒を手に威嚇するのは「怒り」を伝えています。

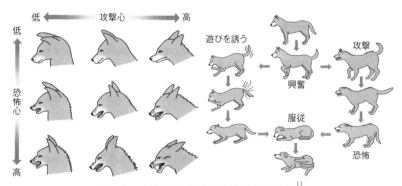

図7-1　イヌの顔面表情（左）と身体表情（右）[13]

顔面表情は攻撃心と恐怖心の2次元からなり、耳と口の形、鼻の上のしわ、被毛の逆立ちなどに感情が反映されます（被毛の多い犬種や垂れ耳の犬種では表情がわかりづらいため、近縁のイヌ科動物であるコヨーテの表情を示しています）。身体表情は普通の状態から警戒した興奮状態に変化後、遊びを誘う姿勢を経て積極的服従にいたる場合と、攻撃姿勢から恐怖を経て消極的服従にいたる場合があります。いずれの場合でも服従の程度が強くなると鼠蹊部（そけい）を見せるようになります。

（2）聴覚的コミュニケーション

　ダーウィンは『人と動物の表情について（1872）』で、「虫でさえ、怒りや恐れ、嫉妬、愛情を鳴き声で表す」と述べています。動物の音声は単に情動の表出に留まらず、他個体への情報伝達の役割を果たすことがあります。そうした音声コミュニケーションは、**求愛音声 mating call、警戒音声 alarm call、触れ合い音声 contact call、救難音声 distress call** などに分類されます。このうち求愛音声はいわゆる「恋の歌（ラブソング）」で、主として雄が発して雌を誘引します。鳥類では鳴禽類のカナリアやウグイス、昆虫類ではセミやコオロギ、両生類ではカエルなどの歌が一般にもよく知られています。魚類ではアンコウやスケソウダラ、両生類ではワニやイモリ、哺乳類ではシカやコアラ、ザトウクジラなどがラブソングを歌います。なお、異性への求愛音声は同性へのなわばり防衛の機能を同時に持つ場合も少なくありません。鳴禽類では求愛や縄張りのための音声を**さえずり（歌）song**、それ以外を**地鳴き call** に大別します。

　天敵の到来を仲間に知らせる警戒音声は鳥類や哺乳類の多くの種に見られます。アフリカのケニアに群れで暮らすベルベットモンキーは、天敵を発見した個体は 3 種類の天敵の種類に応じて異なった警戒音声を発し（図 7-2）、それを聞いた集団のメンバーはヒョウに対して木に登る、ワシに対して藪に逃げる、ニシキヘビに対して地面を探すという退避行動をとります[14]。これは、録音した音声を再生して流すプレイバック実験によって明らかになりました。同様の実験により、北米の草原にすむプレーリードッグは、4 種類の天敵（ヒト・タカ・イヌ・コヨーテ）に応じた警戒音声を発することが確認されています[15]。また、アフリカ東岸沖のマダガスカル島にいるワオキツネザルは仲間の警戒音声だけでなく、他種のサル（ベローシファカ）が発する警戒音声にも適切に反応します[16]。この反応はベローシファカと同じ地域に住んでいるワオキツネザル集団に限られることから、経験によって獲得した行動パターンだと考えられます。

　イヌは家畜化の過程で発声に関しても選別育種されてきたため、発声種類が多く、状況に応じて使い分けます。犬種によって発声の種類や頻度が異な

りますが、（1）ワンワン bark（防衛・遊び・あいさつ・さびしさ・注目をひく・警告）、（2）クー grunt（あいさつ・満足）、（3）ウー growl（防衛的警告・おどし・遊び）、（4）クーン whimper やキャン whine（服従・防衛・痛み・悲しみ・あいさつ・注意をひく）の4つに大別されます[17]。いっぽう、ネコの発声は16種類もありますが、（1）ゴロゴロ purr など（くつろいだときに出る友好・愛着の声）、（2）ニャー meow など（関心をひく・要求・求愛・威嚇など多様な声）、（3）ウー growl やワーオゥ wail やフーッ hiss など（攻撃・防御・交尾の際に発する緊張した声）3つに大別されます[18]。

　イルカは反響定位（→ p.48）に用いる「ギィィィ」というクリックスのほかに、個体間コミュニケーションに使われる「ピューィ」というホイッスルを発します。ホイッスルには個体に特有の鳴き方（**シグネチャー・ホイッスル signature whistle**）があって、個体識別に用いられていると考えられています[19]。

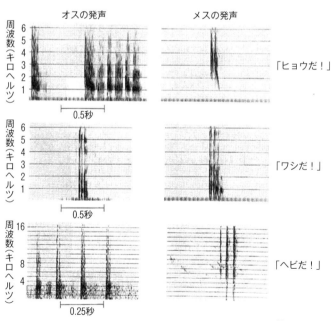

図7-2　ベルベットモンキーの警戒音声のソナグラム[20]

2. 動物の「ことば」
(1) ミツバチの尻振りダンス

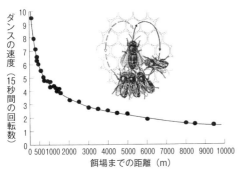

図7-3　ミツバチの尻振りダンスの速度と餌場まで
　　　　の距離[21]
右上のイラストは、餌を集めて帰巣した1匹の後を4匹が
追いながら、速度情報を受け取っているようすです。

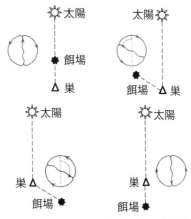

図7-4　ミツバチの尻振りダンスの直進
　　　　方向と餌場の方角[21]
左パネル：餌場を発見して巣に戻ったミツバ
チは、太陽との位置関係（水平方角）を重力
との関係（垂直方向）に変換して、8の字を
描くように尻振りダンスを行います。

フォン＝フリッシュ(→p.15)はミツバチの野外研究を行い、働き蜂が餌場についての情報を他の働き蜂に尻振りダンス waggle dance で伝えることを明らかにしました。ミツバチは巣内に巣房をたくさん作り、縦（垂直方向）に増やしていくため、平板状の巣（巣板）ができます。餌場から戻ったミツバチは、巣板の上を歩きながら8の字の軌道を描きますが、餌場が遠いと8の字回転の速度が遅くなります（図7-3）。なお、餌の量はダンスの激しさで示されます。

　また、「餌場と太陽」の位置関係（水平方角）を「巣板と地面」との位置関係（垂直方向）に変換して、ダンスの進行方向を決めます（図7-4）。なお、巣板が水平に作られたときは、ダンスの直進方向が餌場の方角を示します。餌場の方角情報を受け取った他のミツバチは、正しくその方角に飛んで行きます。なお、餌場までの距離が短い（50〜100メートル以下）ときは、ダンスの軌道半径は極小にな

り、8の字でなく円形になります（時計回りと反時計回りを交互に繰り返す）。このダンスを察知した他のミツバチは、巣から飛び立ちます（餌場が近いと飛び立てば容易に餌場を発見できます）。このように、ミツバチのダンスは複数の情報を他個体に正確に伝えますが、ダンスは生得的かつ固定的で、発展性がない点でヒトの言語とは異なります。

（2）鳥の歌（さえずり）

鳴禽類 song bird のさえずりは種によって異なるだけでなく、同種でも地域差（方言）があります。こうした差は、主として経験の違い、つまり学習によると考えられています。さえずりの学習には手本となる歌が必要です。ヌマウタスズメでは、手本を聞いて記憶する時期と、さえずりを始める時期に数ヶ月のずれがあります。このため、記憶された歌（鋳型 template）と自分のさえずりを比較しつつ練習します。いっぽう、さえずり始めてからも成鳥の歌を聞く機会のあるカナリア・ウグイス・ヒバリは、自分のさえずりを聞いた歌に似せるよう練習します。

鳴禽類は若鳥になると早口で未完成の歌を小さな声でさえずるようになります（小さえずり）。小さえずりには多彩なシラブル（句）が含まれますが、徐々にシラブルの種類数が少なくなり、成鳥になる頃には構造化されてさえずりが完成します。こうした過程を結晶化 crystallization といい、それ以降は、多くの種でさえずりの変化はほとんどありません。ただし、ジュウシマツは成鳥でも耳が聴こえなくなると、囀りが少なからず変わります[22]。

さえずりのレパートリーは種によって異なります。ミヤマシトドは「持ち歌」が1曲ですが、北米にすむチャイロツグミモドキでは1個体が1000以上もの歌を歌えます[23]。こうした鳥は複数のシラブルの組み合わせで多様な歌をさえずりますが、ジュウシマツでは組み合わせが「文法」と呼べるほど複雑です[24]。また、シジュウカラは録音した仲間の歌「ピーッピ」を聞くと周囲を警戒し、「ヂヂヂヂ」だと音源に接近し、「ピーッピ・ヂヂヂヂ」だと警戒しつつ音源に接近しましたが、「ヂヂヂヂ・ピーッピ」だと無反応でした[25]。シラブルの順序が重要であることは文法の芽生えを示唆しています。

（3）類人猿の言語訓練１（音声から手話へ）

　ヒトの乳児は１歳前後から言葉を獲得し始めます。ヒト以外の動物でも、生後間もない頃からヒトとともに暮らせば、ヒトの言語を習得できるでしょうか。心理学者ケロッグ（W. N. Kellogg）は妻と息子（生後10ヶ月）とともに暮らす家で、グア Gua という名の生後７ヶ月半の雌チンパンジーを９ヶ月間育てました。グアは夫妻からの話し言葉による指示に従うことはできたものの、自らヒトの言葉を発することはありませんでした。[26]心理学者ヘイズ（K. J. Hayes）はジャーナリストの妻とともに自宅で、ヴィキィ Viki という名の雌チンパンジーを生後２週目から４年にわたって育て、さまざまな方法で英語を話させようとしました。その結果、ヴィキィは［papa］［mama］［cup］の３語（あるいは［up］を含む４語）を発音できるようになったものの、［papa］（ヘイズ博士）と［mama］（ヘイズ夫人）の混同も多く、指示物と明確に対応していたのは［cup］（飲み物）だけでした。[27]それでも、ヘイズ夫妻が撮影したヴィキィの動画は大きな話題となりました。

　ヴィキィの動画を見た心理学者**ガードナー夫妻**（R. A. Gardner; B. T. Gardner）は、ヴィキィがヘイズ夫妻の身振りを読み取り、またヴィキィ自身もボディランゲージを用いていることに気づきました。そこで、音声言語ではなく、身振り言語であればチンパンジーは習得可能ではないかと考えました。なお、ヒト以外の霊長類は咽頭（のどの奥の部分）が狭く、ヒトのように容易に構音できない事実が明らかになったのは、その後のことです。[28]ガードナー夫妻は、ワショー Washoe という名の１歳の雌チンパンジーを自宅で育て、22ヶ月アメリカ手話 American Sign Language（ASL）をオペラント条件づけ（→ p. 86）や観察学習（→ p. 164）によって訓練し、その結果、ワショーは30の単語を正しく使用できるようになりました。[29]なお、ガードナー夫妻はその後、**ファウツ**（R. S. Foutz）らの協力を得て研究を発展させています。[30]ワショーの使用単語は100を超え（名詞だけでなく、動詞や形容詞なども含まれる）、ワショー以外のチンパンジーの手話訓練も成功しました。また、ブラインドテストによって賢馬ハンス効果（→ p. 11）の可能性が否定され、チンパンジーどうしの手話でのコミュニケーションが見られることや、彼らから

幼いチンパンジーが手話を模倣学習することも示されました。なお、ガードナー夫妻らの成功に影響され、ゴリラ[31]やオランウータン[32]でも手話訓練が行われて、一定の成果が得られています。

こうした成功を受け、スキナーの弟子の心理学者**テラス**（H. S. Terrace）は、言語をヒトに特有の能力だとする言語学者**チョムスキー**（A. N. Chomsky）の見解をくつがえそうと、雄チンパンジーのニム Nim に手話の訓練を行いました[33]。ニムも100を超える単語を正しく使用できましたが、単語を組み合わせて文を作ることはほとんどできませんでした。1発話あたりの平均単語数（平均発話長）は2語を超えず（図7-5）、長文も2〜4語を繰り返し羅列したものに過ぎませんでした。テラスは、ワショーの手話についてもニムと同様だろうと考え、チンパンジーの言語はヒトの言語とは異なると結論しました。これはチョムスキーの見解を支持するものです。テラスの結論は大きな影響を持ち、類人猿に手話を教える研究は下火となりました。

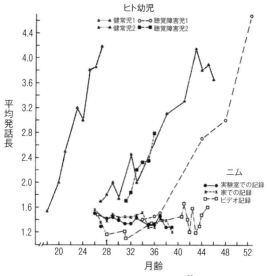

図7-5　平均発話長の発達[33]

健常児の会話や聴覚障害児の手話では、発達につれて、文を構成する単語の数が多くなっていきます（1語文から2語文、3語文、4語文へと進みます）が、ニムの手話では、文の長さが平均2語を超えず、長文化の兆しも見えません（これはどの記録法でもそうでした）。

（4）類人猿の言語訓練2（彩片語と鍵盤語）

心理学者プレマック（D. Premack）は妻（A. J. Premack）とともに、サラ（セアラ）Sarah という雌チンパンジーを自宅で育て、色とりどりのプラスチックの小片（彩片）を単語として訓練しました。物の名前だけでなく、物の色や［same］［different］という同異概念（→ p. 144）を意味する言葉の使用も教えました。サラは彩片を使って文を綴り、条件文まで理解しました（図7-6）。なお、彩片は必ずしも物の形や色と似ていませんでした。例えば、［banana］を意味する彩片は赤い正方形で、［yellow］を意味する彩片は黒いT字型でした（このような恣意性はヒトの言語の特徴の1つであり、例えば、「黄」という漢字は黒色で印刷されていても、熟したバナナの皮に似た色を指します）。このため、［?］、［color of］、［banana］の3つの彩片が並べられれば、サラは［?］を、［yellow］を意味する黒いT字型の彩片に置き換えることができました。

　いっぽう、ヤーキス霊長類研究所（→ p. 14）のランバウ（D. M. Rumbaugh）は、コンピュータのキーボード（鍵盤）の小さなキーパネルに描かれた**絵文字 lexigram** を単語として、**ヤーキッシュ Yerkish** と名づけた鍵盤語を霊長類に訓練する計画を開始しました。主たる被験体となった雌チンパンジーの名を冠して始まった**ラナ・プロジェクト Lana Project** は、ラナがバナナが欲しいときに［please］［machine］［give］［piece of］［banana］［.］（最後のピ

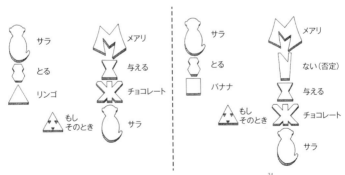

図7-6　チンパンジーのサラの条件文の理解
チョコレートをメアリ（訓練者）からもらうためには、バナナではなくリンゴを手に取らなくてはならないことを、サラは上図の彩片語の文を読んで理解しました。

リオドは文の終了を示す）と自発的に綴れるようになったという報告[36]を皮切りに、雄のシャーマン Sherman やオースティン Austin らによるチンパンジー間での鍵盤語を用いた会話に発展しました[37]。

　「発話」はコンピュータで自動的に記録され、訓練者はコンピュータを介して被験体に接することになるため、訓練の初めから賢馬ハンス効果を避けられます。スキナー派の研究者からの批判もありましたが、霊長類に対する言語訓練としては最も洗練されたものです。その後も、**サベージ＝ランボー**（S. Savage-Rumbaugh）を中心に、雄のボノボ（ピグミーチンパンジー）のカンジ Kanzi が数十の単語を駆使して自発的に文章を綴るという報告[38]など、著しい発展を見せました。2012年時点で、カンジは約500語を使い、約3,000語を理解できるとされています[39]。

　日本でも、京都大学霊長類研究所で、記号素を組み合わせた独自の鍵盤語（図7-7）をチンパンジーに教える試みが1978年から始まりました。主たる被験体である雌チンパンジーの名を冠して**アイ・プロジェクト Ai Project** と呼ばれており、物品の名前と色を絵文字で正しく答えるという報告[40]を嚆矢として、言語に限らずさまざまな認知能力の研究が行われています[41]。

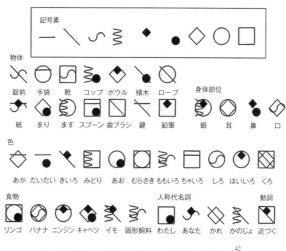

図7-7　京都大学霊長類研究所の鍵盤語の例[42]

（5）オウムの言語訓練

新行動主義者ハル（→ p. 12）の弟子の心理学者**マウラー**（O. H. Mowrer）は
キュウカンチョウやヨウム（大型インコの一種）などの**しゃべる鳥 talking
birds** を対象に、オペラント条件づけの手続きで話し言葉を教えました。長
期間の訓練によって、飲み物や食べ物を要求する、眼の前の物の名前を言う
といったことができましたが、言葉を組み合わせて文章を作ることはできな
かったことから、マウラーはこれらの鳥の発声をヒトの言語とは異なるもの
だと結論しました。[43]

　しかし、その四半世紀後、生物学者**トッド**（D. Todt）が、**モデル／ライバ
ル法 model/rival approach** と名づけた方法でヨウムの発声の訓練に成功しま
した。[44] これは、1 羽のヨウムに対して 2 名の訓練者がつき、うち 1 名は教師
役、残り 1 名がヨウムの発声のお手本（モデル）を示しつつ、競争相手（ラ
イバル）にもなるという方法です。**ペパーバーグ**（I. M. Pepperberg）は、モデ
ル／ライバル法の修正版（訓練者がしばしば役割を交代する点が、元の方法と異
なります）を用いて、**アレックス Alex** という名の雄のヨウムの言語訓練に成
功しました。アレックスは26ヶ月の訓練によって、名詞 9 つ（［paper］［key］
［wood］［hide］［peg-wood］［cork］［corn］［nut］［pasta］）、色形容詞 3 つ（［rose］
［green］［blue］）、形を意味する単語 2 つ（［three-corner］［four-corner］）を正しく
使い、否定時に［no］ということも学習しました。[45] また、訓練者が立ち去ろ
うとすると、［I'm sorry］というなど、状況に応じた発声を自発的に行うよう
になりました。[46] アレックスはその後も語彙を増やし、2007年に死亡したとき
には、100語以上を学んだ鳥として米国マスコミで紹介されました。[47]

（6）イルカとアシカの身振り言語理解

　ヒトとイルカの種間コミュニケーションを目指していた神経科学者**リリー**
（J. C. Lily）は、バンドウイルカにヒトの発声を模倣するよう訓練しました。
ヒトが数秒間に発声する回数（1〜10回）に応じて、イルカも同数回の発声
ができたようです。[48] 水族館ではトレーナーのハンドサイン（主に手や腕を用
いた命令）に応じて、イルカやアシカが芸をします。ハンドサインは手話の

一種ですから、手話言語を理解しているといえます。イルカやアシカは身体の構造上、手話を表出言語としては使えませんが、理解言語として手話がわかるということです。心理学者ハーマン（L. M. Herman）らはアケアカマイ Akeakamai という名の雌のバンドウイルカを対象に、ハンドサインを用いた単語と文の理解訓練を行いました[49]。例えば、［right］［basket］［ball］［fetch］（右のカゴをボールのほうへ移動）という4語文を理解し、単語の新しい組み合わせにも正しく反応しました。賢馬ハンス効果（→ p. 11）を避けるブラインドテストにも合格しました。ハーマンらは、その後も、イルカが文法的に正しい文とそうでない文（語順が違っている文など）の区別ができるといった報告をしています[50]。

　同様の研究を、ロッキー Rocky という名の雄のカリフォルニアアシカを対象に行ったのが心理学者シュスターマン（T. J. Shusterman）です。ロッキーは、ハンドサインによる単語と文を理解し、ハーマンのイルカに勝るとも劣らない成果をあげています[51]。

Topic

ネコと飼い主の種間コミュニケーション

　「犬は三日の恩を三年忘れず、猫は三年の恩を三日で忘れる」ということわざがあります。このように、ネコはイヌほど飼い主に気遣わず、きままに暮らしている動物だということは、よく知られています。しかし、ネコも飼い主の気持ちをいくらかは気にしているようです。飼い主の気分状態と猫の行動を調べた研究によれば、飼い主の近くにいるときであれば、飼い主がネガティブな気分であるほど、頭やわき腹をこすりつけました[52]。また、飼い主が社交的な気分でいたり、動揺していると、飼い主により近寄ってきました[53]。

　「犬は人につき、猫は家につく」とか「借りてきた猫」という表現があるように、ネコを実験室でテストするのは容易ではありません。このため、ネコの行動研究はイヌに比べて困難ですが、飼い主の声を聞き分けられる[54]、自分の名前を理解している[55]、同居ネコの顔と名前を対応づけている[56]など、徐々に研究成果が発表され始めています[57]。

3．ヒトの言語と動物の「ことば」

　哲学者デカルト（→ p.6 ）は、動物にも感情があることを認めましたが、感情表現は刺激に対する単なる反応に過ぎず、ヒトの言語とは異なるとしました[58]。では、ヒトの言語に特有な特徴とは何でしょうか？

　言語学者ホケット（C. F. Hockett）は、ヒトの言語の特徴を複数あげ（表7－1）、動物の「ことば」との違いを論じています[59]。例えば、ミツバチの尻振りダンスは、「音声・聴覚経路」という特徴を満たしませんが、遠く離れた餌場を仲間に知らせるので「転位性」という特徴は満たしています。しかし、ダンスについてダンスで語ることはしないので「反射性」は見られません。ホケットのあげた諸特徴は、彼の論文出版以降に行われた動物の言語訓練でもしばしば言及されます。例えば、チンパンジーの手話は、「音声・聴覚経路」「反射性」「伝統性」といった特徴は欠くものの、それ以外の多くの特徴をヒトの言語と共有します。

表7-1　ヒトの言語の特徴

1. 音声・聴覚経路	言葉は音声として発信され、聴覚で受信される。
2. 拡散性と指向性	発信時は広がって伝わり、受信時には発信源の方向を推定できる。
3. 急速な減衰	言葉は持続せず急速に消失する。
4. 交換可能性	言葉の発信者は受信者にもなることができる。
5. 完全なフィードバック	言葉の発信者は発話中に自分の言葉を聞くことができる。
6. 特殊性	言葉は情報伝達に特化しており、他の機能の副産物ではない。
7. 意味性	言葉は特定の対象を意味する。
8. 恣意性	言葉と対象の間に必然的関係がない。
9. 分離性	言葉は連続的でなく、区切りがある。
10. 転位性	言葉は時間的・空間的に離れた出来事を示すことができる。
11. 開放性	言葉には有限の要素を用いて無限の文を生む生産性がある。
12. 伝統性	言葉は次世代へ教育・学習によって継承される。
13. 二重性	要素によって単語が構成され、単語によって文が構成される。
14. 虚偽性	言葉によって架空の出来事（嘘）を述べることができる。
15. 反射性	言葉を使って言葉そのものについて述べることができる。
16. 学習性	1つの言語だけでなく別の言語も学習できる。

column ■ 嗅覚的コミュニケーション

　匂いやフェロモン（→ p. 60）のような嗅覚刺激は、その場に付着させると、個体が立ち去ったあとも長時間にわたって残ります。このため、存在情報の保存性は高いものの、感情の変化など時間的に変化する情報を伝えるには適していません。フェロモンは同種他個体に特異的な行動や生理的効果を引き起こす物質ですから、フェロモンを放出することは同種内のコミュニケーション行動の一種です。とりわけ、他個体の生得的行動を即座に誘発するリリーサー効果を持つフェロモンはコミュニケーションの強力な媒体です。

　フェロモンによるコミュニケーションについては、昆虫・魚類・哺乳類での研究が盛んです。ここではイヌとネコについて紹介しましょう。イヌやネコでは、糞尿や体臭が嗅覚コミュニケーションの刺激となります。雄犬は片足を上げて尿の**マーキング marking** を行い、これによって地位や縄張りを主張します。また、他個体の尿の上にさらに尿をする**カウンター・マーキング countermarking** も見られます。雌犬は半座りでした尿で発情状態を雄に知らせます。排便の際に肛門両脇にある肛門嚢開口部から排出される微量の分泌物も、イヌの性別・年齢・健康状態などを他犬に伝える作用を持つと考えられています（この分泌物は恐怖や不安を感じたときにも排出されます）。イヌは頭部や背中、会陰部などアポクリン線の多い部位を互いに嗅ぎあうことから、アポクリン線から分泌される汗に含まれる水溶性分泌物と、皮脂腺からの油脂性分泌物の複合臭を用いて、個体情報を伝達していると思われます。こうした個体固有の体臭を**匂いの指紋 odorprint** と呼びます。

　ネコでも尿によるマーキングが行われますが、ネコでは、直立した尾を震わせ霧状の尿を排出します（尿スプレー）。カウンター・マーキングが行われることはあまりありません。また、尾の付け根や口の周りの臭腺からの分泌物を物にこすりつけてマーキングし、その所有を示します。飼主に体をこすりつけるのも嗅覚的マーキングでしょう。また、同種他個体や飼い主に対して、顔を接触させ、こめかみ腺からの分泌物を付着させます。このマーキングはあいさつ行動の一種です。ネコどうしのあいさつでは、肛門部の匂いをかぐ行動も見られ、これにより個体情報が伝達されると考えられます。

ハトの会話実験

　キーボードを用いたチンパンジーの会話（→ p.126）に似た状況をハトで設定したエプスタイン（R. Epstein）らの研究があります。[62] 事前に個別訓練された2羽のハトが、初めて一緒に実験に参加した際のようすが図7-8です。ジャック（左）とジル（右）の間には透明な仕切りがあります。ジャックが［WHAT COLOR］キーをつつくと（A）、ジルはカーテンの奥にある電球の色をのぞき込みます（B）。ジルは見た色を［R］［G］［Y］の文字キーから1つ選んで報告します（C）。ジャックが［THANK YOU］キーを押すと（D）、ジルに餌が与えられます。ジャックは3つの色キーから1つを選び（E）、それがカーテン裏の電球の色と合っていれば、ジャックにも餌が与えられます（F）。

　なお、同様の状況で、誤った色をわざと相手に伝える（嘘をつく）こと、[63] メモを取る行動（仕切りを外して1羽のハトにしても文字キーを押す）が生じること、[64] 餌が与えられなくても電球色を報告すること、[65] 気分状態（事前に薬物を投与して誘導した）も相手に伝えられることが示されています。[66]

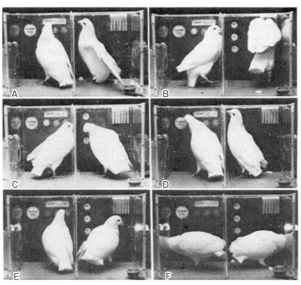

図7-8　2羽のハトの「会話」[62]

column ■ ボーダーコリーの言語理解

　ボーダーコリーのリコ Rico は一般家庭で飼育されている間に、200以上の品物（主に子どもの玩具）の名前を憶え、命令に応じて正しい品物を持ってくることができるようになりました[67]。研究者らの立会いの下に行ったブラインドテストでも、飼い主の命令に対する正答率は 9 割を超えました。また、飼い主がリコに新しい品物を見せてその名前（新単語）を 2 ～ 3 回述べた後、その品物でしばらく遊ばせるだけで、リコは新単語を憶えることができました。こうした能力は**即時マッピング fast mapping** と呼ばれ、ヒトの言語習得でも重要な特徴の 1 つにあげられます。実際に、リコが名前を知っている品物 7 個とまったく新しい品物 1 個の合計 8 個を並べたテスト場面で、飼い主が新単語をリコに告げると、 7 割の確率で新しい品物を正しく選びました。この結果は、新単語は既知の品物の名前ではなく、見慣れない品物の名前だということを理解していることを意味しています。

　しかし、テスト場面で高い確率で新しい品物を選ぶのは単に珍しいものを好むためかもしれません。そこで、チェイサー Chaser という名のボーダーコリーを用いた追試が他の研究者らによって行われました[68]。 3 年間の訓練により、チェイサーは1022もの品物の名前を憶えました。テスト場面で新しい品物があるときに新単語を告げると新しい品物を選びますが、既知の単語であればそれに応じた既知の品物を持ってくることも確認されました。つまり、単に珍しいものを好むためではなく、真の即時マッピングであることが確かめられたわけです。

　また、［take］（口にくわえて持ち上げる）、［paw］（前肢で触れる）、［nose］（鼻先で触れる）という 3 つの命令（動詞）と、 3 つの品物（名詞）を組み合わせた指示に正しく反応すること（ 2 語文の理解）もできました。さらに、憶えたすべての品物を［toy］（玩具）、そのうち球形の116品を［ball］（ボール）、円盤状の26品を［Frisbee］（フリスビー）と総称されることも理解できました。例えば、実験者が［toy］と告げると、玩具とそうでないものが並んだ中から、玩具を選択しました。

◆さらに知りたい人のために

○ハリディ＆スレイター（編）『動物コミュニケーション』西村書店　1998
○ベニュス『動物言語の秘密—暮らしと行動がわかる』西村書店　2016
○ハート『動物たちはどんな言葉をもつか』三田出版会　1998
○フォックス『イヌのこころがわかる本—動物行動学の視点から』朝日文庫　1991
○フォックス『ネコのこころがわかる本—動物行動学の視点から』朝日文庫　1991
○ライハウゼン『猫の行動学』どうぶつ社　1998
○小田亮『サルのことば—比較行動学からみた言語の進化』京都大学学術出版会　2005
○フォン・フリッシュ『ミツバチの生活から』ちくま学芸文庫　1997
○フォン・フリッシュ『ミツバチの不思議（第2版）』法政大学出版局　2005
○小西正一『小鳥はなぜ歌うのか』岩波新書　1994
○岡ノ谷一夫『さえずり言語起源論—新版 小鳥の歌からヒトの言葉へ』岩波科学ライブ
　ラリー　2010
○井上陽一『歌うサル—テナガザルにヒトのルーツをみる』共立出版　2022
○ヘイズ『密林からきた養女（新装版）』法政大学出版局　1971
○プリマック『チンパンジー読み書きを習う（改訂版）』思索社　1985
○プレマック『ギャバガイ！—「動物のことば」の先にあるもの』勁草書房　2017
○テラス『ニム—手話で語るチンパンジー』思索社　1986
○パターソン＆リンデン『ココ、お話しよう（新装版）』どうぶつ社　1995
○ギル『チンパンジーが話せたら』翔泳社　1998
○サベージ＝ランボー『カンジ—言葉を持った天才ザル』NHK出版　1993
○サベージ＝ランバウ＆ルーウィン『人と話すサル「カンジ」』講談社　1997
○サベージ＝ランバウ『チンパンジーの言語研究—シンボルの成立とコミュニケーショ
　ン』ミネルヴァ書房　1992
○松沢哲郎『進化の隣人 ヒトとチンパンジー』岩波新書　2002
○松沢哲郎『チンパンジーから見た世界（新装版）』東京大学出版会　2008
○松沢哲郎『想像するちから—チンパンジーが教えてくれた人間の心』岩波書店　2011
○ペッパーバーグ『アレックスと私』幻冬舎　2002
○ペッパーバーグ『アレックス・スタディ—オウムは人間の言葉を理解するか』共立出版
　2003
○スコット＝フィリップス『なぜヒトだけが言葉を話せるのか—コミュニケーションか
　ら探る言語の起源と進化』東京大学出版会　2021

第8章❖思考

　図8−1は大学生に「人間の知能を100とした場合、動物の知能はどのくら
いか」とたずねた結果です。これは素人の推測（**素朴心理学 folk psychology**）
に過ぎません。動物の知能は科学的にどう研究すればよいでしょうか。

　知能（**知性 intelligence**）の定義は心理学者によってさまざまですが、環境
適応能力、学習能力、抽象的思考能力の3つに大別できます。生息環境に適
応できなかった動物は次世代を残せなかったわけですから、現在の動物種は
環境適応能力としての知能は等しいといえます。ただし、この場合の「環
境」はその動物種の過去の環境です。過去の環境と現在の環境が同じなら、
すべての動物種はいまも等しく賢いといえるでしょう。

　しかし、変化する環境への適応能力、すなわち行動の柔軟さこそ、環境適

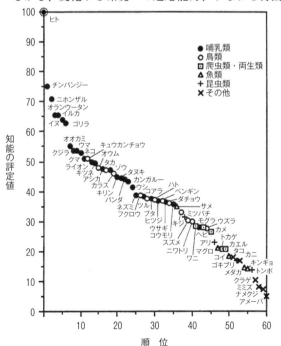

応能力だとすれば、
動物種によって知
能に差があるでしょ
う。行動の柔軟さ
は、学習能力（上述
の知能の定義の2番
目）と新しい問題の
解決能力に依存し
ます。

　本章では、問題
解決能力と、抽象
的思考能力（知能の
定義の3番目）に関
する動物心理学研
究を紹介します。

図8−1　60種類の動物の知能の大学生による推定値の平均と順位[2]

1．知能と脳の大きさ

　脳は認知機能の中枢ですから、大きな脳を持つ動物種ほど知能が高そうです。地球上で最大の脳を持つ動物種はマッコウクジラで、平均脳重はメス約6,500g、オス約8,000g、記録された最大脳重は9,200g です[3]。陸上動物ではアジアゾウやアフリカゾウは脳重が約4,000〜5,000g（記録された最大脳重9,000g）あります[4]。こうした動物の脳はヒト（成人）の脳（1,200〜1,500g）の数倍の重さです。

　しかし、脳は知的作業だけでなく、身体の動きや体内の恒常性維持にも関与しています。したがって、クジラやゾウのように身体が大きい動物は脳も大きくて当たり前です。そこで神経科学者ジェリソン（H. J. Jerison）はさまざまな脊椎動物について、体重と脳重の関係を検討しました（図8-2）。その結果、脳重は体重の2/3乗に一定の係数をかけることでおおよそ予測できることがわかりました。この係数（脳化係数 cephalization coefficient）は、変温動物全体で0.007、恒温動物全体で0.07、恒温動物のうち哺乳類に限ると平均0.12でした。この図のように、生物の身体や機能に関わる2種類の値の関係を表したものを**アロメトリー allometry** といいます。

　さて、ジェリソンは体重から予想される脳重を計算し、それと実際の脳重との比率を求めてみました[5]。この比率を**脳化指数 encephalization quotient** と呼びます。つまり、脳化指数は「その種の脳化係数」を「属している綱（例えば、ヒトの場合は哺乳綱）の脳化係数」で割った値です。例えば、哺乳綱の脳化係数は0.12でヒトの脳化係数は0.89ですから、脳化指数は7.4となります。いくつかの哺乳類について脳化指数をあげると、バンドウイルカ5.3、チンパンジー2.2〜2.5、テナガザル1.9〜2.7、リスザル2.3、アカゲザル2.1、クジラ1.8、ゴリラ1.5〜1.8、キツネ1.6、アフリカゾウ1.3、イヌ1.2、ラクダ1.2、リス1.1、ネコ1.0、ウマ0.9、ヒツジ0.8、ライオン0.6、ウシ0.5、マウス0.5、ウサギ0.4、ラット0.4、ハリネズミ0.3です[6]。この値は一般の人が抱く動物の賢さのイメージとも概ね合致しています。しかし、シロガオオマキザルの脳化指数がチンパンジーより高い4.8であるなど、脳化指数が動物種の知能の正確な指標であると断定するにはやや問題がありま

す。

　なお、各動物種の値ではなく全体的な傾向を明らかにするために、さまざ
まな数学的手法を用いた分析も行われています。例えば、身体の大きさなど
の要因を除外すると、哺乳類では脳重が相対的に大きければ新しい環境での
生存率が高いようです[7]。鳥類でもそうです[8]。新しい環境への環境適応能力を
知能とするなら、これは知能と脳の大きさに関係があることの証拠だといえ
ます。

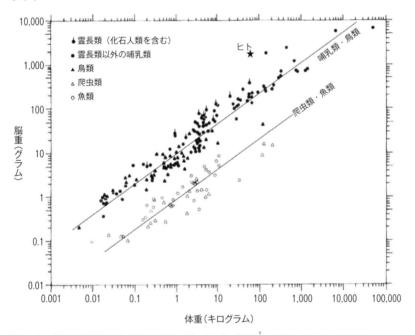

図8-2　各動物種の体重と脳重の関係　ジェリソンが著書に掲載した図を一部改変
体重（横軸）も脳重（縦軸）も対数で表示しています（主目盛が１つ増えると10倍になります）。哺乳
類・鳥類（恒温動物）も爬虫類・魚類（変温動物）も傾き２/３の回帰直線がよく当てはまります（図中
の２本の斜線）。両対数グラフのため、脳重（E）と体重（P）を関数式で示すと $E = k P^{2/3}$ となり、直
線の傾きは累乗の値（べき指数）で示されます。この式のkは脳化係数で、x軸の切片の値にあたりま
す。なお、その後の研究で、脳重は体重の２/３乗ではなく、哺乳類では0.75乗、鳥類や爬虫類では0.56
乗であるとされています[10]。

2. 問題解決と洞察

ゲシュタルト心理学者ケーラー（→ p.14）は、北アフリカ沖合のテネリフェ島で9頭のチンパンジーに「知恵試験」を与えて、その解決法を観察しました[11]。チンパンジーが解決した課題は16種類に及びますが、本節では主要な3課題を取り上げます[12]。

（1）迂回課題

迂回（回り道）課題では、柵のすぐ外側に餌を配置します。ニワトリは柵の前でしばらくうろうろし、やがてあきらめて柵から離れますが、チンパンジーでは直ちに柵を迂回して餌を得ます。このように、試行錯誤によらない問題解決をケーラーは**洞察（見通し）insight** と呼び、問題場面の構造を見抜く知性を示すものであるとしました。

なお、迂回課題はケーラー以前にも、イヌ[13]、ニワトリや魚[14]で実施されています。これまでに少なくとも96の動物種が対象になっており、タコ[15]やハエトリグモ[16]など無脊椎動物での研究もあります[17]。イヌ・ネコ・ウマを同条件で比較した研究では、実験装置の構造や餌が直接見えるかどうかによって成績が異なり、3種間の優劣を決することは難しいと結論されています[18]。

（2）紐引き課題

複数の紐のうち餌につながれた1本を選ぶ課題も、場面構造を把握していないと解けない問題です。ケーラーは、チンパンジーがこの問題を解決できるものの、イヌでは不首尾であったことを報告しています。紐引き問題はケーラー以前からあり、これまで200篇以上の論文が発表され、160種以上もの動物種で調べられています[19]。霊長類やラットを対象とした研究ではほぼすべて成功していますが、イヌやネコでは成功例と失敗例の報告数が同程度です。紐の数・長さ・材質・交差の有無のほか、個体の年齢・視力・注意力・抑制力・利き腕・動機づけ・新奇物への恐怖度・遊び心・好奇心・大胆さなどが、問題解決の成否に影響し、野生で餌を探索する際に肢を使用する動物種ほど成績がよいようです。

（3）箱とバナナ課題

　ケーラーが行った実験で最も有名なこの課題では、バナナが高く吊るされています。チンパンジーはバナナに向かって跳躍しますが届きません。しばらくあたりを歩き回った後、突然、木箱の前に立ち止まり、それをつかんでバナナの下に運び、木箱に登ってバナナを手に入れました（木箱の前に立ち止まってからは中断のない滑らかな解決行動でした）。再び同じ問題状況におくと、チンパンジーはこの解決行動を即座に示しました。唐突に生じ、滑らかに遂行され、以後は容易に行われるのは「洞察」の特徴であり、場の全体構造の把握を意味しているとケーラーは考えました。

図 8-3　箱を 3 つ積んでバナナを取るチンパンジー[11]

　さらに高い位置にあるバナナを木箱を 2 ～ 4 個積み上げて取る課題もできました（図 8-3）。ただし、箱を積む行為は滑らかでなく、積みあがった箱も不安定だとケーラーは記しています。つまり、箱積みは試行錯誤学習でなされたといえます（ケーラーは試行錯誤という言葉を避けていますが）。また、他の研究者による追試実験で、箱積みには経験を要することが指摘されています[20]。

　箱積みを必要としない課題（木箱が 1 つの場合）でも、箱を動かすという経験、箱に登ってバナナを取るという過去経験が解決行動を生んだのでしょう。ハトもそうした経験があると、初めてバナナと箱が同時にあるテスト状況で、ケーラーのチンパンジーとよく似た解決行動を示しました[21]。この実験を行った**エプスタイン**（→ p. 132）はスキナー（→ p. 12）の弟子であり、「洞察」という認知的説明ではなく、経験の組み合わせで問題解決行動を理解すべきだとしています。

3．道具の使用と製作

　ケーラーが行った実験の中に、棒を道具として使って柵の外にある餌を引き寄せるというものがあります。この問題状況に直面したチンパンジーは、箱とバナナ問題のときのように、洞察的な問題解決を示しました。ケーラーは道具の製作についても観察しています。例えば、あるチンパンジーは 2 本の棒を組み合わせて長くし、遠くの餌を取ることに成功しました。英国の霊長類学者**グドール**（D. J. M. Goodall）も、タンザニアのジャングルでチンパンジーが草の茎でアリを釣る行動を報告しています[22]。なお、**道具使用 tool-use** の定義は研究者によりさまざまです。一例をあげると、「分離した物体を用いて、他の物体に変化をもたらすこと」[23]です。この定義に基づけば、「動かない岩壁に貝を打ちつけて貝を割る」行為は道具使用ではありません。

　道具の使用や製作には過去経験が重要です。例えば、棒を使って餌を得ることに失敗したチンパンジーに、飼育場所で棒を与えて遊ばせたところ、その後のテストで棒を使って餌を取ることができました[24]。前出のエプスタインは、洞察的に見える道具使用も経験によって獲得された行動の組み合わせに過ぎないとして、適切な訓練をしたハトは道具を使用すると報告しています[25]。なお、道具製作も既修得の行動の組み合わせにより可能になることが、オマキザルで示されています[26]。

　野生下では無脊椎動物を含む多くの動物種が道具を使用しています。その用途も食物獲得のほかに威嚇・攻撃・防衛・求愛・営巣などさまざまです[27]。したがって、道具使用ができるから知能が高いとはいえません。近年では、道具を使うかどうかよりも、道具の原理を理解しているかどうかを問題とすることが多くなりました。例えば、道具（杖や熊手）と対象物（餌）との配置関係の把握が、さまざまな霊長類やラット、鳥類などで調べられています（図 8-4）。こうした物理的因果関係の理解力は**物理的知性 physical intelligence**（技術的知性 technical intelligence）と呼ばれます。

　道具使用における物理的因果関係の理解を調べるため考案されたテストの 1 つにトラップ・チューブ課題があります（図 8-5）。動物は透明チューブに棒を差し込んで餌を押し出すことが求められますが、棒を入れる方向を間

違えると餌は「落とし穴」の罠（トラップ）に落ちてしまいます。トラップ・チューブ課題はさまざまな動物種に容易に実施できる便利なテストですが、ヒトでも逆方向から棒を挿入するそそっかしい人がいるため、物理的因果関係の理解度を測るテストとして不適切だとの指摘があります。[28]

　さて、ギニアで暮らすチンパンジー集団は、アブラヤシの種を台となる石に載せて別の石で叩き割って食べますが、このとき台石と地面との間に他の石を挟んで台石を固定することがあります。この場合、挟んだ石は台石を道具として機能させる道具、つまり**メタ道具 metatool** です。[29] メタ道具の使用は、他の類人猿やカレドニアガラスでも報告されています。

　ところで、**ユクスキュル**（→ p. 22）は、ヒトが用いる道具には、作用の補助手段である**作用道具 Werkzeuge**（例：ハンマー）と知覚の補助手段である**知覚道具 Merkzeuge**（例：拡大鏡）があると指摘しています。[30] 動物の道具使用・製作研究では主に前者が扱われており、後者に関する研究はまれです。

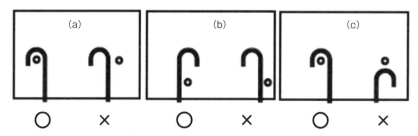

図 8-4　杖課題の例（平面図）[31]
キツツキフィンチに（a）の配置で正しく餌を入手できる杖を選ぶ訓練を行いました（正解の左右位置は毎回異なっていました）。その後、杖と餌の配置をさまざまに変えてテストしました。例えば、（b）では75％の個体が成功しましたが、（c）では合格基準以上に正しく杖を選んだ個体はいませんでした。

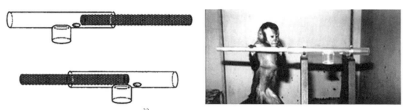

図 8-5　トラップ・チューブ課題[32]
この例では右側から棒を差し込むと餌は「落とし穴」に入るため、左側から差し込まねばなりません。

4．概念と推論

　哲学者ロック（→ p. 9）は動物に**推理能力 reasoning** はあっても、**抽象化 abstraction** の能力はないと論じています[33]。つまり、感覚印象に基づく単純な観念をもとに推理することは動物でもある程度できるが、抽象化された観念すなわち**概念 concept** を使うことはできないとしました。しかし、動物心理学者たちは、動物もさまざまな概念を有していることを実験的に示そうとしてきました。

（1）カテゴリ概念

　カテゴリ概念 category concept とは、具体的事例の集合体（カテゴリ、範疇）としての概念です。**ハーンシュタイン**（R. Herrnstein）が行った実験[34]では、ハトに風景写真をスライドで見せています。風景写真に人物が写っていれば画面をつつくと餌を与え、写っていない風景写真ではつついても餌を与えないという継時弁別訓練（→ p. 88）を行いました。用いた風景写真は1200枚に及び、写っている人物の数・性別・年齢・人種・衣装は写真ごとに様々で、その大きさもまちまちでしたが、ハトは人物の有無を正しく判断するようになりました。この論文では、カテゴリに関わる弁別学習ができたのですから、ハトは「人物」というカテゴリ概念を持ちうると結論されています。

　この報告以降、同様の手法を用いたカテゴリ概念（木・水・魚など）の実験研究が、主にハトを被験体として多くなされるようになりました[35]。自然物だけでなく人工物のカテゴリ弁別研究も行われています。最も有名なのは、ハトによるモネとピカソの絵画弁別実験でしょう[36]。

　こうした能力を説明する理論は、3つの立場に大別できます[37]。**事例説 exemplar theory** では、個別事例をそのまま記憶しているとします。ハトは膨大な数の写真を憶えることができます（→ p. 111）。ハトは新しい写真画像に対してもカテゴリに基づいているかのように反応しますが、そうした初めて見る画像については、学習した事例との物理的類似性に基づいて反応しているだけだと解釈できます（刺激般化：→ p. 88）。つまり、事例説は、動物は抽象化したカテゴリ概念を持たないという立場です。

いっぽう、**典型説 prototype theory** では、動物は複数の事例から中心とな
る特性（例えば、「人物」らしさ）を抽出して典型（プロトタイプ）を作り上
げ、それをもとに反応するとみなします。この立場は、動物の抽象化能力を
前提にしています。**特徴説 feature theory** では、動物は複数の事例から共通
特徴を抽出して、それに反応すると考えます。個別事例から重要な点を抽出
する能力が必要ですが、それは共通特徴にとどまり、中心特性を抽出できる
とする典型説ほどの抽象化能力を要しません。

　典型説が正しいなら、例えば、ハトに色々な歪み三角形を学習させてから
正三角形でテストすると、歪み三角形のときよりも多くの反応が見られるは
ずです。正三角形は最も典型的な三角形だからです。しかし、そうではあり
ませんでした[38]。おそらく、個別事例を記憶していた（事例説）か、何らかの
共通特徴を手がかりに反応していた（特徴説）のでしょう。

　また、人物カテゴリの継時弁別訓練を受けたハトは、写真を細かく断片化
してばらばらに再配置した写真でテストしても、元写真と同様につつきまし
た（図8-6）。この実験結果は、カテゴリ弁別学習を行ったハトは写真の局
所的特徴に注目していることを示唆しています。ただし、刺激の種類によっ
てはむしろ全体的特徴が重要だとの報告もあります[39]。

図8-6　実験で用いた訓練写真の例とその部分をばらばらに再配置したテスト写真の例[40]
実際に用いられた写真は白黒ではなくカラーでした。

（2）物理的関係概念

（A）同異概念

　動物が刺激間の同異関係に応じて行動する場合、その動物には**同異概念 same/different concept**（同一性概念 identity concept）があるといえるかもしれません。同異概念の研究には同時同一見本合わせ課題（→ p. 89）がよく用いられます。その先駆けとなった研究では、ハトを 3 つの反応キーのついた装置に入れ、中央の見本刺激キーに赤・緑・青の色光いずれか 1 つ（例えば、赤）を点灯しました（図 8-7）。ハトがそれをつつくと、左右の比較刺激キーに見本刺激と同じ色と異なる色（例えば、赤と緑）が点灯し、見本刺激と同じ色をつつけば正解でした。この課題に100％近い正答率を示す 3 羽のハトに、新しい色（黄）を見本とする転移テスト（例えば、比較刺激が黄と緑）を行ったところ、正答率は偶然水準（50％）にとどまりました。この結果は、ハトが見本刺激と比較刺激の正しい組み合わせを丸憶え（見本刺激が赤なら正しい比較刺激は赤、緑なら緑、青なら青）していたことを意味しています。つまり、「見本刺激と同じ比較刺激を選ぶ」という同異概念に基づく行動ではないわけです。

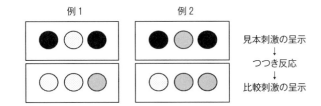

図 8-7　同時同一見本合わせの例
見本刺激の色や比較刺激の左右位置は試行ごとに異なります。●は色光を呈示していないキーです。

　しかし、その後の研究で、ハトに刺激をじっくり見て選ぶように訓練したり、見本合わせ課題の訓練に用いる刺激の種類を大幅に増やす、といった実験上の工夫を行うと、転移テストの成績がよいことがわかりました。こうした報告から、ハトには同異概念があると推察できます。

　同異概念の研究法としては、同時に呈示された複数（通常は 2 つ）の刺激が同じか違うかを動物に答えさせる**同異課題 same/different task** もありま

す。例えば、ある実験では2つの反応キーのついた装置にハトを入れ、2つの反応キーが同じ色に点灯したときは左キー、異なる色に点灯したときは右キーをつつくようハトを訓練しました。その後、訓練に用いなかった色で転移テストをしたところ、偶然水準以上の成績（同色のときは左、異色のときは右）が得られました[44]。

　同一見本合わせ課題や同異課題の訓練後に転移テストで成功した例が、ハト[45]、ハイイロホシガラス[46]、ラット[47]、ハリモグラ[48]、ハナグマ[49]、フサオマキザル[50]、アカゲザル[51]、ニホンザル[52]、チンパンジー[53]、アシカ[54]、アザラシ[55]、イルカ[56]など多くの動物種で報告されています。したがって、これらの動物種は同異概念に基づいて、見本合わせ課題に正解しているといえます。なお、種間比較を行った研究では、カササギやハイイロホシガラスがアカゲザルやフサオマキザルよりも転移テストの成績が優れており、最も成績が悪かったのはハトでした[57]。

　さて、もし「同じ色」を選ぶよう学習した動物が「同じ形」を選ぶ新しい課題でも直ちに正答すれば、この動物はより抽象的なレベルで「同じ」という概念を理解しているといえるでしょう。こうした刺激次元間での転移（この例では、色から形への転移）の成功が、ハト、ハナグマ[58]、アザラシ[59]、イルカ[60]、フサオマキザル[61][62]などで報告されています。ミツバチは通常の転移（次元内の転移）だけでなく、色次元から形次元への次元間転移、さらには匂いから色へというモダリティ（感覚様相）間の転移も見られました[63]。これは、ミツバチでは同異概念の抽象度が極めて高いことを示唆しています。

　同異概念の研究には、複数の刺激の中から1つだけ異なるものを選ぶ（例えば、4つの刺激 AABA から B を選ぶ）という**異物課題（孤立項選択課題）oddity task** が用いられることもあります。異物課題後の転移はハト[64]、チャエリガラスとセグロカモメ[65]、ラット[66]、イヌ[67]、アシカ[68]、アカゲザル[69]、チンパンジー[70]などで確認されており、ミツバチ[71]でもできるようです。しかし、孤立した事物は目立つため、異物課題の正答は視覚的注意によっても説明できます。このため、この課題の成績だけで関係概念の把握を判断するのは困難です。

（B）卓越した同異概念

　プレマック（→ p. 126）は、同異概念を持つのは霊長類だけだとの立場から、ハトでの同異概念研究を批判しています[72]。彼の批判は前項で述べた同異概念研究のうち1980年代半ば以降のものには必ずしも当てはまりませんが、それは研究者らが彼の批判を克服すべく実験方法を洗練させたためです。

　プレマックは言語訓練を行ったチンパンジーのサラ（→ p. 126）を対象に［同じ］や［違う］を意味する彩片の使い方を教えています。サラは目の前に置かれた 2 つの品物を同異判断して、どちらか適切な彩片を間に置くよう訓練されました（図 8 - 8）。この彩片は訓練に用いなかった品物の場合にも正しく使用することができました[73]。さらにサラは、刺激ペアの関係そのものが同じか違うか（図 8 - 9）や、「ネジとネジ回しの関係と同じものは、釘と何か」といった問いに「金づち」と正しく答えることもできました[74]。これは、「関係性どうしの関係」を問うもので、 2 次的な関係性といえます。

　2 次的な関係性の理解は、**関係性見本合わせ relational matching-to-sample** という課題でも調べられます。例えば、「◆◆」が見本として呈示されたら「●□」ではなく「▲▲」を選び、「※☆」が見本として呈示されたら「◎◎」でなく「▽×」を選ぶと正解という課題です。つまり、刺激ペアの関係（同じか違うか）が同じものを選ぶものです。学習後、新しい刺激セットでテストしたときにも正しく選択できれば、 2 次的な関係性を理解していると結論できます。チンパンジー[75]、ゴリラやオランウータン[76]、フサオマキザル[77]、ギニアヒヒ[78]、ハト[79]などはこのテストを通過する一方で、アカゲザルは不合格でした[80]。

　卓越した同異概念は言語訓練を行ったオウムのアレックス（→ p. 128）でも報告されています。アレックスに 2 つの品物を並べて見せ、それらはどの点（色・形・材質）で同じか、違うかを答えるよう訓練されました[81]。例えば、赤い木製の三角形と緑の革の三角形を見せられて「何が同じ」と訊かれれば［shape（形）］と発声し、赤い木製の四角形と青い木製の四角形を見せられて「何が違う」と訊かれれば［color（色）］と発声するといった訓練です。さまざまな品物で約 1 年にわたって訓練した結果、訓練していない品物につ

いても正しく答えられるようになりました。2つの品物が同じかどうかだけ
ではなく、どの点で同じかを理解しているというのはアレックスの示した同
意概念の抽象度の高さを示すものです。

図8-8　チンパンジーのサラに教えた同異概念を意味する彩片[82]
2つのリンゴの間に「同じ」を意味する彩片を置き、リンゴとバナナの間には「違う」を意味する彩片
を置く訓練をさまざまな事例で繰り返すことで、この2つの彩片の意味を教えました。

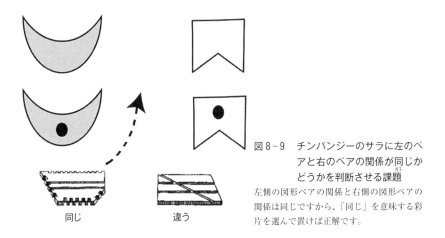

同じ　　　　　違う

図8-9　チンパンジーのサラに左のペ
　　　　アと右のペアの関係が同じか
　　　　どうかを判断させる課題[83]
左側の図形ペアの関係と右側の図形ペアの
関係は同じですから、「同じ」を意味する彩
片を選んで置けば正解です。

（C）移調

　動物は刺激ＡとＢが与えられると、物理的属性の同異関係（Ａ＝ＢやＡ≠Ｂ）だけでなく、物理的属性の強弱関係（Ａ＜ＢやＡ＞Ｂ）も見て取ることができます。ケーラーは、チンパンジーとニワトリに、濃淡の異なる２枚の灰色カード（ＡとＢ）のうち、より明るいほう（Ｂ）を選ぶと餌を与える訓練を行いました[84]。動物が確実にカードＢを選ぶようになった後、カードＢとさらに明るい灰色カードＣを同時呈示したところ、動物はカードＣを選択しました。つまり、刺激そのものの絶対的な性質（明度）ではなく、他の刺激との相対的な強度関係によって決まる性質（「より明るい」）を手がかりに反応したと考えられるわけです。このように、同一の刺激次元上の２刺激間の相対的関係に基づき新たな課題にも反応することを**移調 transposition** といいます。移調現象は灰色濃淡だけでなく、図形の大きさ関係などでも見られます。また、アカゲザル[85]、マーモセット[86]、ゾウ[87]、ラット[88]、コウモリ[89]、ハチドリ[90]、ペンギン[91]、ハコガメ[92]、カワスズメ[93]、ハナバチ[94]などでの報告があります。

　刺激の絶対的な物理的性質ではなく、刺激間の関係（全体的な構造）が重要だと考えるゲシュタルト心理学は、こうした移調現象をその理論の根拠にしました。これに対して、行動主義的立場から反論を試みたのが、**ハル**（→ p.12）の弟子である**スペンス**（K. W. Spence）です。スペンスによれば、移調現象は条件づけの般化（→ p.88）にすぎません（図8-10）。弁別学習では、正しい刺激には反応するという興奮傾向が形成され、それと似た刺激にも弱い興奮傾向が生じます。いっぽう、誤った刺激には反応しないという制止傾向が形成され、それと似た刺激にも弱い制止傾向が生じます。こうした興奮傾向の般化勾配と制止傾向の般化勾配の単純な合成として、移調現象は解釈できます[95]。したがって、動物が反応の手がかりにするのは刺激の絶対的性質に過ぎず、刺激間の相対的関係に基づく移調ではない（移調のように見えるにすぎない）ことになります。

　この理論では、同時呈示された３つの刺激のうち中位の刺激を選ぶ**中間サイズ問題 intermediate-size problem** では移調が見られないはずです。興奮傾向の般化勾配の両側に制止傾向の般化勾配を想定することになるからです。

実際、スペンスの実験では、3つのサイズ（100cm^2、160cm^2、256cm^2）の正方形から、中間サイズ（160cm^2）を選ぶ訓練を受けたチンパンジーは、3つのサイズ（160cm^2、256cm^2、409cm^2）の正方形を与えられると、中間サイズ（256cm^2）ではなく、小サイズ（160cm^2）を選びました。アカゲザルやネコ[96]、[97]イヌ、ラット、ハトでも中間サイズ問題で移調が見られないという報告があ[98][99][100]ります。しかし、チンパンジーやアカゲザルでは中間サイズ問題でも移調が[101][102]見られるという実験報告もあります。これはスペンスの理論でうまく説明できません。したがって、そうした実験では動物が物理的属性の強弱関係を把握しているといえるかもしれません。

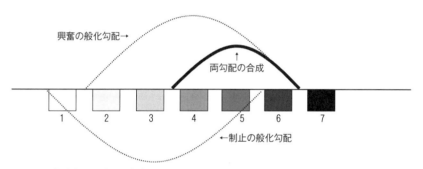

図 8-10　般化勾配で移調現象を説明するスペンスの理論
2枚のカード（3と4）が与えられたときに、カード3を避けてカード4を選ぶよう同時弁別訓練を行うと、カード3を頂点とする制止（マイナス）の般化勾配とカード4を頂点とする興奮（プラス）の般化勾配が形成されます。選択反応は興奮の程度から制止の程度を減じたもので決定されます。このため、カード3よりもカード4が選ばれるだけでなく、移調のテスト（例えば、カード4とカード5の選択テスト）でも相対的に濃いカードが選ばれることになります。ただし、訓練刺激から大きく離れた条件（例えば、カード5とカード6の選択テストや、カード6とカード7の選択テスト）では移調現象は生じません。

（3）機能的関係概念

（A）刺激等価性

　ヒトは異なる事物も機能的に同じものだとみなすことができます。例えば、「☆」「ほし」「星」は異なる字ですが、同じ意味を指し示します。このように、物理的には異なるものの機能的には同じ刺激間の関係を**刺激等価性 stimulus equivalence**といい、スキナー派の心理学者**シドマン**（M. Sidman）によって動物での研究が始まりました[103]。刺激等価性の研究では、同時象徴見本合わせ課題（→ p. 89）の訓練後、訓練されていない派生的関係が生じるかを**反射性 reflexivity、対称性 symmetry、推移性 transitivity**の転移テストで検討するのが一般的です（図8–11）。ヒトは転移テストすべてに合格します。

　反射性については、同異概念と同じものだとする見解があります[104]。この立場では、同一見本合わせ課題や同異課題の後に行われる転移テストでの合格報告（→ p. 144）をもとに、さまざまな動物種で反射性が見られるとしています。いっぽう、反射性は同異概念とは異なる認知機能だとする立場の研究者は、A→B関係の訓練後にA→A関係やB→B関係を導く能力を直接示す証拠が必要だと主張しています[105]。ハト[106]やズキンガラス[107]で、そうした能力が実証されています。

　対称性についてはどうでしょうか。シドマンの研究では、ヒヒやアカゲザルは対称性テストに合格しませんでした。ハト[108]やフサオマキザル[109]でも対称性[110]が見られないとの報告を受けて、対称性の理解はヒトに特有であるとされました[111]。しかし、複数の刺激セットで訓練を繰り返し行うと、対称性が見られるようになるという報告がアシカ[112]、チンパンジー[113]、オマキザル[114]であります。ハトではこの方法でも対称性は生じません[115]が、同時見本合わせ課題ではなく継時見本合わせ課題では対称性が確認されやすいようです[116]。

　推移性はアカゲザルでは見られませんでしたが、フサオマキザル[117]、チンパンジー[118]、アシカ[119]、シロイルカ[120]、ヨウム[121]で確認されています[122]。なお、ハトについては推移性テストの成功報告があるものの[123]、同じ研究グループによる否定的結果もあるため[124]、さらに検討が必要です。

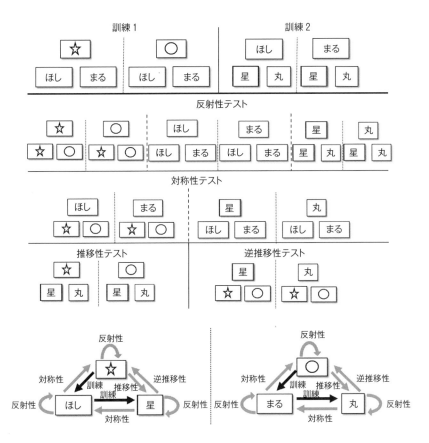

図8-11　同時象徴見本合わせ訓練とそれにより形成される刺激等価性

見本刺激となるカードの下に比較刺激カード2枚を並列してます。なお、比較刺激の左右位置は試行ごとに異なります。☆カードが見本のときは［ほし］を選び、○カードが見本のときは［まる］を選ぶことを訓練します（訓練1）。同様に、カード［ほし］が見本のときは［星］を選び、［まる］が見本のときは［丸］を選ぶことを訓練します（訓練2）。ヒトでは、こうした訓練によって［☆］［ほし］［星］が同じ意味を持ち、［○］［まる］［丸］が同じ意味を持つことを理解します。こうした等価性の成立は、訓練されていない関係（派生的関係）が生じるかどうかの転移テストで確認します。なお、逆推移性は、論理的には反射性・対称性・推移性のすべてを満たさないとできないと考えられるので、逆推移性テストの合格だけで刺激等価性の成立を意味します。このため、逆推移性テストは等価性テストとも呼ばれます。[125]なお、動物で刺激等価性の実験を行う際は、文字ではなく記号や色が用いられますが、刺激等価性のヒトの言語との類似性を理解しやすいように、この図では文字カードで表現しています。

（B）推移的推論

　刺激等価性研究では、「A＝BかつB＝CであればA＝C」という推移的関係を推移性として扱っています。こうした**推移的推論 transitive inference**は等価関係以外にもあります。例えば、「A＞BかつB＞CであればA＞C」という大小や強弱など不等号で示される関係の推論です。推移的推論能力の研究は、リスザルを対象とした実験を契機に大きく発展しました。この実験では、5色の容器（A, B, C, D, E）を用いて4組の同時弁別課題（A+/B-, B+/C-, C+/D-, D+/E-）を行っています。ここで＋は正項目、－は誤項目を表しています。つまり、AとBが与えられたときはAを選べば容器内に餌があり、BとCではBに、CとDではCに、DとEではDに餌があるということです。この4課題の訓練後、BとDの選択テストでリスザルはBを選びました。この結果から、リスザルは推移的推論の能力を持つとされました。

　ところで、推移的推論を確かめるには、3つの刺激項目（A〜C）からなる2つの課題（A+/B-, B+/C-）を訓練した後、AとCのどちらを選ぶかをテストするのが最も簡便です。しかし、この場合、テストでAを選んだ（Cを避けた）のは、「Aは常に餌がある（Cは常に餌がない）」という単純な学習によるものかもしれません。このため、上記のリスザルの実験では5項目（A〜E）からなる4つの課題で訓練し、両端の項目（AとE）以外の初めて経験する項目ペア（BとD）でテストしています。B選択で餌をもらえる確率は50％（A/Bペアのときは絶対に餌をもらえず、B/Cペアのときは必ず餌をもらう）、D選択で餌をもらえる確率も50％（C/Dペアのときは絶対に餌をもらえず、D/Eペアのときは必ず餌をもらう）です。餌をもらえる確率が同じであるにも関わらず、DではなくBが選択されることから、単純な学習の結果ではなく、推移的推論によって項目を選んだとみなすわけです。

　リスザルでの成功報告の後、同様の手続きを用いた実験により、チンパンジー、アカゲザル、リスザル、ラット、ハト、カケス、カラスなど、哺乳類・鳥類の多くの種が推移的推論を示すことが確認されました。しかし、ミツバチでは不首尾でした。このテストは前提として4つの課題を憶えておく必要がありますが、ミツバチではこの前提が不十分なのかもしれません。

図8-12はハトにA〜Eの5項目で標準的な訓練を行った後のテスト結果です。両端刺激項目（AとE）を含む課題の成績がよく（**末端項目効果 end-anchor effect**）、項目間の距離が離れている刺激項目ペアほど成績がよくなっています（**象徴距離効果 symbolic distance effect**）。この事実は、新しいペアでの成績は訓練課題からの単純な般化ではなく、A＞B＞C＞D＞Eという順序関係の心的表象が形成されていることを示唆しています。

　推移的推論の能力は順位制（→ p.163）を持つ群れで暮らす動物にとって重要です。例えば、群れで最強の個体Bを新入り個体Aが打ち負かす現場を目撃した個体Cは、Aに挑戦しないほうが賢明でしょう。自分（C）より強いBがAに負けたのだから、Aはすごく強いはずです。つまり、「A＞BかつB＞CであればA＞C」だからです。こうした観点から、推移的推論能力は複雑な社会構造への適応として進化したとの仮説が多くの研究者によって提唱されています。例えば、同じキツネザル科の動物でも、複数の雌雄が含まれる十数頭の群れ社会で生きるワオキツネザルは、ペア型社会（単雄単雌型）で暮らすマングースキツネザルよりも、推移的推論課題でよい成績をおさめました。[129]カラス科でも、群れのサイズが大きい種ほど成績がよいようです。[130]

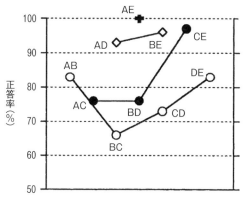

図8-12　ハトの推移的推論実験の[131]結果を再整理したもの[132]

まず4つの同時弁別課題（A+/B-, B+/C-, C+/D-, D+/E-）の訓練後、すべての刺激ペアでテストしました。テスト時には餌は与えませんが、A＞B＞C＞D＞Eの順序系列にそう選択が正答（例えば、AとCならAを選べば正答）です。すべてのペアで偶然水準（50％）よりも高い正答が得られました。なお、この実験ではA〜Eの刺激には、LEDディスプレイに表示された数字記号が用いられました。

（４）数概念

（A）ケーラーの実験

　動物行動学者ケーラー（O. Koehler ゲシュタルト心理学者ケーラーとは別人）はワタリガラスなどさまざまな鳥類を対象に、数概念に関するさまざまな実験を行いました[133]。それらの実験は、いちどきに呈示される刺激の数を判断する同時課題と、次々と呈示される刺激の数を判断する継時課題に大別できます。同時課題の代表例は、蓋（ふた）に３つの点が記された容器と４つの点が記された容器を見比べ、３点の容器を選ぶと正解（中に餌がある）というものです。継時課題の代表例は、次々に転がり出てくる豆をあらかじめ決められた数（例えば３粒）食べたら、もっと好きな餌がもらえるというものです。

　同時課題では、刺激の大きさ・形・明るさ・配置パターンなどが正答の手がかりにならないよう配慮し、継時課題では刺激の呈示間隔をランダムにして、所要時間や運動リズムが手がかりにならないように、ケーラーは工夫しました。しかし、鳥は身体の疲労の程度や満腹具合を手がかりにしていた可能性があります。

（B）４つの数的能力

　「数」の特性の１つは基数性 cardinality で、対象の数と数を表す記号（数符 number tag）が、「・」は「１」、「‥」は「２」、「…」は「３」のように対応していることをいいます。対象が何であっても同じ個数であれば同じ数符が用いられます。「数」のもう１つの特性は、序数性 ordinality で、１より２が、２より３が大きい、という順序関係のことです。ヨウムのアレックス（→ p.○）は盆の上に載せられた複数の品物の中から指示された物品の数を「one」「two」「three」「four」「five」「six」と発声し（基数性の理解[134]）、それがないときには「none」と答えました（ゼロ概念の理解[135]）。また、色のついた数字カードを「one」〜「six」の発声で読み上げるよう訓練すると、「何色の数字が大きい？」という質問に正しく回答できました（序数性の理解[136]）。

　動物心理学者デイヴィス（H. Davis）らは、数に関する認知能力（数的能力 numerical competence）を以下の４つに分類しています[137]。まず、対象の数の多少を判別する相対的数性判断 relative numerousness judgments で、これは基数

性・序数性とも理解していなくても可能です。第2と第3の数的能力は、少ない数を一瞬で認識する**即座認知**（直感的把握 subitizing）と、数を大雑把に推し量る**推量 estimation** で、この2つは基数性を理解していればできます。最後に、対象を数え上げる**計数 counting** で、基数性・序数性の理解に加えて、最後の数符がそのグループの数であることを理解している必要があります。

　相対的数性判断は、チンパンジー[138]、アカゲザル[139]、リスザル[140]、イルカ[141]、ゾウ[142]、ヒヨコ[143]、カダヤシ（アメリカメダカ）[144]、ミツバチ[145]など多くの動物種で確認されています。

　図8-13はチンパンジーの即座認知と推量を示す実験結果です。チンパンジーのアイ（→ p. 127）は、画面上に映し出された緑点の数に対応した数字キーを押すよう訓練されています。緑点3個までは直ちに反応しましたが、4個以上では反応が遅くなっています。これは、3個までは即座認知で、4個以上は推量していることを示唆しています。なお、アイは、画面上に点がないときには「ゼロ」のキーを押すことができました[146]。また、点だけでなく窓に呈示されたさまざまな物の数を数字キーを使って回答することもできました[147]。こうした事実から、特定の物体の属性ではなく、抽象化された数の基数性をアイは理解しているといえます。アイは画面上に複数の数字が映し出されると、小さい数字から順にタッチすることもできました[148]。これは序数性を示すものです。

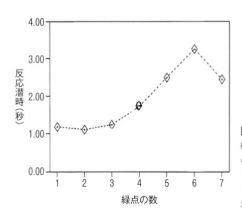

図8-13　チンパンジーの数判断[149]
緑点7個で再び反応潜時が短くなっているのは、この段階で学習していた最大の数が7であったため、6個よりも多ければ「たくさん」という意味で7のキーを押したのだと思われます。

（C）計数

　対象を数え上げる計数能力を調べる方法としては、ラットを対象にデイヴィスら[150]が考案した探訪課題が、ヒヨコ[151]、グッピー[152]、ミツバチ[153]などにも適用されています。探訪課題では、動物は一列に並んだ複数の物体を順次訪問し、出発点からn番目の物体を選ぶことが求められます（正答だと餌が得られます）。出発点からn番目の物体までの距離が変わっても正しく選択できれば、n番までの計数ができたとみなします。こうした研究は、動物に計数能力の芽生えがあることを強く示していますが、ヒトの計数能力との開きは大きく、計数には5つの原理（表8-1）の理解が必要だとの意見があります。

表8-1　5つの計数原理[154]

1対1原理	対象の数と数符は1対1の関係で対応している（基数性）
順序固定原理	数符は常に同じ大小関係にある（序数性）
基数原理	最後の数符がグループの数を示す
抽象化原理	どの対象も同じように数えられる（本3冊も虫3匹も3）
順序無関係原理	対象はどの順番で数えても同じ結果になる

（D）計算

　2枚の板に2つずつ凹みを設け、凹みにチョコレート粒を0〜5個入れます。例えば、左の板の左凹みに2個、右凹みに1個、右の板の左凹みに2個、右凹みに2個であるとき、チンパンジーは右の板を選びます。これは「2＋1」と「2＋2」の比較課題であり、こうした課題の解決は加算（足し算）能力を意味しているとされています。ゴリラ[155]、オランウータン[156]、アカゲザル[157]、リスザル[158]、ゾウ[159][160]でも成功が報告されています。

　これらの実験では数えるべき餌が同時に呈示されているため、即座認知、つまり全体量を一目で知覚的に把握して、より多い板を選択している可能性を排除できませんが、2回に分けて呈示した場合でもチンパンジーは合計の多いほうの板を選択できるようです[161]。また、さらに、物の個数と数字カード（0〜4）を正しく対応させる訓練を行ったチンパンジーは、数字カードの

足し算テストに合格しました。[162]　また、ジュースの滴数（0〜25）に応じた記号を憶えさせたアカゲザルは、それらの記号2つを加算できました。[163]　ヨウムのアレックス（→ p. 128）は、2回に分けて見せられたお菓子について「合計は？」という質問に正しく音声で答え[164]、正しい数字の書かれたカードの色を答えました。[165]

　眼の前で遮蔽物の背後に餌をまず1個隠し、次いでもう1個隠し、遮蔽物を取り去ったとき、そこに餌が2個ある場合（1＋1＝2）、アカゲザルは驚きませんが、餌が1個だった場合（1＋1＝1）は驚いてそれを凝視します。[166]　同じ結果は、キツネザル[167]、ワタボウシタマリン[168]、イヌ[169]でも報告されています。これらは予想とのずれ（**期待相反** violation of expectancy）があった際に動物が驚愕反応を示すことを利用して加算能力を調べたものです。減算（引き算）能力についても、アカゲザルについて、期待相反法で確認されています。[170]

　不透明な容器などの遮蔽物から餌を取り出すという実験者の操作を「減算（引き算）」として、ベルベットモンキー[171]やアカゲザル[172]の減算能力を証明した研究もあります。また、ヒヨコの実験では、加算能力と減算能力を同時に実証しています。[173]　例えば、遮蔽物Aが［1＋2］（1個隠してから2個追加する）で遮蔽物Bが［4−2］（4個隠してから2個取り除く）のときには、ヒヨコは遮蔽物Aを選び、遮蔽物Aが［0＋2］（0個隠してから2個追加する）で遮蔽物Bが［5−2］（5個隠してから2個取り除く）のときには、遮蔽物Bを選びます。サルやヒヨコで減算能力を示す研究がある一方で、チンパンジー[174]やオランウータン[175]は減算能力を欠くとの報告もあり、さらなる検討が必要です。

図8-14　ベルベットモンキーの「2−1−1＝？」減算課題[171]
2個から1個を取りさらに1個を取り去る「2−1−1」課題の実験手順。パン片2個を不透明なカップに隠します。カップを回してサルに中を見せた後、回し戻してカップ内が見えないようにします。この状態でサルの目の前で1個取り出し、さらに1個取り出します。カップ内には餌がなくなったことを推理できれば、カップに近づかないはずです。

排他的推論

　ボーダーコリーのリコやチェイサー（→ p. 133）は、新しい単語と新しい品物を即座に対応づけできました。これは、新単語は既知の品物の名前ではないという規則に基づく推理ができることを示しています。こうした「消去法」に基づく推理を**排他的推論 inference by exclusion** といいます。排他的推論は「これまで選んだり探したりしていない物や場所に正解がある」という状況を設定して、さまざまな動物種を対象に調べられてきました。その結果、イヌ、ハト、カケス[176]、ハイイロホシガラス[177]、カレドニア[179]カラス[180]、ヨウム[181]、ミヤマオウム[182]、アカオクロオウム[183]、ラット[184]、ゾウ[185]、イルカ[186]、アシカ[187]、フサオマキザル[188]、マントヒヒ[189]、チンパンジー[190]、ボノボ[191]などで排他的推論が確認されています。

　種間比較研究もあります。例えば、ワタリガラスはミヤマガラスよりも[192]、ヤギはヒツジよりも[193]優れているようです。霊長類では、シシオザルやマントヒヒはフサオマキザルやリスザルよりも優れていて[194]、フクロテナガザルとジェフロイクモザルは同程度でした[195]。大型類人猿の成績は、ゴリラ、チンパンジー、オランウータンの順でした[196]。なお、ヒト、イヌ、ハトの成績はこの順でした[197]。

条件づけと因果推論

　条件づけは、単純な神経系を持つ動物では連合形成だが、複雑な神経系を有する動物では因果推論に基づくものだと主張する研究者たちがいます[198]。古典的条件づけは「手がかりは結果をもたらす」、オペラント条件づけは「反応は結果をもたらす」という因果命題を、経験から導く推論だというのです。この立場では、例えば、古典的条件づけの阻止現象（→ p. 96）は、以下のように説明されます。まず、「音が餌粒をもたらす」「音と光が餌粒をもたらす」という2つの命題が経験から導かれます。この2つの命題から「光は冗長である」という結論が得られます。

　イソップ寓話に、のどが渇いた
カラスが水差しの水を飲もうとす
る話があります（図 8 -15）。くちば
しが水面に届かないことを知った
カラスは小石を水差しに入れて水
位を上げ、水を飲むことができま
した。カラスは小石と水位の物理
的因果関係がわかっていたので
しょうか？　それを確かめるため

図 8 -15　カラスと水差し[199]

の実験が、ミヤマガラス[200]、カレドニアガラス[201]、カケス[202]、アライグマ[203]などで行わ
れています。ここではカレドニアガラスでの実験の一部を紹介しましょう（図
8 -16）。

　あらかじめ、小石を落として餌を得る行動をカラスに訓練した後、さまざま
なテストを実施しました。 2 本の透明円柱のうち、一方には水を、もう一方に
は砂を入れ、表面に餌を浮かべました（左図）。カラスは水の入った円柱のほ
うに多くの石を入れました。しかし、細い角柱と太い角柱のどちらに物体を落
とすか調べたところ（右図）、細い角柱のほうが水位が上がりやすいことは理
解できていないようでした。

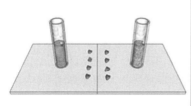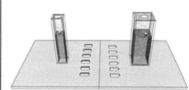

図 8 -16　水差し問題[204]
左図： 2 本の円柱の容器の間にあるのは 8 個の小石、右図： 2 本の角柱の間にあるのは12個のブ
ロック

◆さらに知りたい人のために

○ドゥ・ヴァール『動物の賢さがわかるほど人間は賢いのか』紀伊國屋書店　2017
○グドール『森の隣人―チンパンジーと私』朝日選書　1996
○バーン『考えるサル―知能の進化論』大月書店　1998
○宮田裕光『動物の計画能力―「思考」の進化を探る』京都大学学術出版会　2014
○髙木佐保『ネコはここまで考えている―動物心理学から読み解く心の進化』慶應義塾大
　　学出版会　2022
○渡辺茂『ピカソを見わけるハト―ヒトの認知、動物の認知』NHK ブックス　1995
○渡辺茂『ハトがわかればヒトがみえる―比較認知科学への招待』共立出版　1997
○渡辺茂『ヒト型脳とハト型脳』文春新書　2001
○渡辺茂『鳥脳力―小さな頭に秘められた驚異の能力』化学同人　2010
○細川博昭『鳥の脳力を探る―道具を自作し持ち歩くカラス、シャガールとゴッホを見分
　　けるハト』サイエンス・アイ新書　2008
○アッカーマン『鳥！驚異の知能―道具をつくり、心を読み、確率を理解する』講談社ブ
　　ルーバックス　2018
○マーズラフ＆エンジェル『世界一賢い鳥、カラスの科学』河出書房新社　2013
○ターナー『道具を使うカラスの物語―生物界随一の頭脳をもつ鳥カレドニアガラス』緑
　　書房　2018
○ハンセル『建築する動物たち―ビーバーの水上邸宅からシロアリの超高層ビルまで』青
　　土社　2009
○村山司『イルカが知りたい―どう考えどう伝えているのか』講談社選書メチエ　2003
○カレッジ『タコの知能―いちばん賢い無脊椎動物』太田出版　2014
○ゴドフリー＝スミス『タコの心身問題―頭足類から考える意識の起源』みすず書房
　　2018
○池田譲『イカの心を探る―知の世界に生きる海の霊長類』NHK 出版　2011
○バルコム『魚たちの愛すべき知的生活―何を感じ、何を考え、どう行動するか』白揚社
　　2018

第9章❖社会

　ケーラー（→ p. 14）は「独りのチンパンジーは真のチンパンジーではない」と述べ、社会的な行動を研究する必要性を強調しました[1]。チンパンジーに限らず、生涯を通じて他個体とかかわりを持たずに生きる動物はほとんどいません。ふだんは単独で暮らす動物種であっても、そのほとんどは生涯のある時期（例えば、繁殖期）には他個体と何らかの交渉を持ちます。また、多くの他個体と集団で生活する種がほとんどです。

　野生動物の集団サイズは種によって大きく異なります。哺乳類でいえば、アライグマやトラのように繁殖期以外は単独で暮らす種から、ナキウサギやアナグマのように雌雄ペア（つがい）で暮らす種、タイリクオオカミやライオンのように数頭の雌雄で暮らす種、ミナミゾウアザラシのように1頭の雄が数十〜数百頭の雌をハレム支配する種とさまざまで、配偶形態も種によって、一夫一妻・一夫多妻・一妻多夫・多夫多妻・乱婚と多様です[2]。

　集団生活を営む動物種では役割分担（分業）や序列が生じやすく、高度に組織化された社会集団が形成されることもあります。こうした**社会性動物 social animal** には、一生のほとんどを集団生活する（常集団性）、1ヶ所に複雑な巣を造って定住する（定住造巣性）、保育制の発達、集団による食物の計画的獲得と貯蔵、コミュニケーション手段の発達、徹底した分業制、協働性を可能にする指導・追随制といった特徴があります[3]。

　社会性動物には、繁殖に関する分業がある（繁殖個体と不妊の労働個体がいる）もの（**真社会性 eusocial**）と、そうでないもの（**亜社会性 subsocial**）に区分されます。哺乳類や鳥類のほとんどは亜社会性ですが、ハダカデバネズミは真社会性であり、昆虫では、オオゴキブリ・コオロギ・タガメなどが亜社会性で、シロアリやミツバチの全種、アリもほとんどの種が真社会性とされています[4]。

　この章では、社会集団の性質と他個体とのかかわりについて、動物心理学と関連領域の知見を見ていきましょう。

1. 社会集団

（1）群れ

　同種個体が集まって統一された行動をするとき、その集合を**群れ group**といいます。動物が群れになると、狩りなどの共同作業によって食物獲得に有利であるだけでなく、生殖機会が増えます。また、幼若個体の保護や寒地での体温維持にも有効です。さらに、捕食者を発見しやすく、個体あたりの警戒コストが小さくなり、捕食者からの攻撃リスクも分散できます（**希釈効果 dilution effect**）。しかし、群れの内部で食物や配偶相手をめぐる競合が生じたり、感染症にかかりやすかったり、天災で大量死したり、捕食者の狩猟戦略によっては大量捕獲されてしまうといったデメリットもあります。群れの個体数は少なすぎても多すぎても生存に適しません。特に、生息場所が限られている場合には最適密度があります。**個体群生態学 population ecology** に大きく貢献した生物学者アリー（W. C. Allee）にちなみ、動物には最適密度があるという事実を**アリーの原理 Allee's principle** といいます。最適密度は動物種や環境（餌の豊富さなど）によって異なります。

　動物の群れは集団全体として知的に見えるふるまいを示すことがあります（**集合的知性 collective intelligence**[5]）。また、群れ全体が１つの生き物のようにふるまうとき、これを機能的生命体あるいは**超個体 superorganism** といいます。特にイワシやムクドリの大群などで見られる**群行動 swarm behavior** については、その背後に**群知能 swarm intelligence**[6] を想定し、それを可能にする行動と個体間情報交換を数理モデルで解明しようという試みもあります[7]。

（2）個体分布

　餌が豊富な場所には多くの個体がいますが、乏しい場所では個体数がわずかです。各個体が常に最適な餌場を知っており（理想）、障害なく移動可能なら（自由）、最終的にすべての餌場の価値（適応度）が等しくなるよう個体は分布します（**理想自由分布 ideal free distribution**[8]）。つまり、隣接する生息地Ａと生息地Ｂがあるとき、生息地ＡとＢの個体数の比は、生息地ＡとＢの餌の比とほぼ一致します（**生息地マッチング habitat matching**[9]）。

（3）なわばりと行動圏

　動物が他個体（群れで生活する種では他の群れの個体）を排除して占有する区域・空間が**なわばり territory** です。なわばりは、音声や身振りによる威嚇、フェロモンの放出、身体的攻撃などで防衛されます。採食・交尾・繁殖（営巣）のための全地域をなわばりとする種では、個体や群れの通常の行動範囲である**行動圏 home range** となわばりが一致しますが、多くの種では採食はなわばり以外でも見られるので行動圏のほうが広くなります。例えば、タイリクオオカミの群れのなわばりは平均111 km^2、行動圏はその3.5倍の平均392 km^{2}です。[10]

　なわばりの境界の隣の個体（群れ）には寛容になりがちです（**隣人効果 dear enemy effect**）。これは、隣接者に威嚇や攻撃を繰り返すと負担（時間・労力の消費や負傷リスク）が大きいことを学習した結果だと思われます。[11] しかし、なわばりを通り過ぎるだけの未知個体はあまり脅威ではありません。むしろ未知個体より、隣接者への攻撃が激しいこともあります（**隣人嫌悪効果 nasty neighbor effect**）。食料などの資源をめぐって隣接者と競合している場合、隣人効果より隣人嫌悪効果のほうが生じやすくなります。

（4）順位制

　動物学者シェルデラップ＝エッベ（T. Schjelderup-Ebbe）は、ニワトリ小集団で特定の個体が他の個体をいつも一方的につついて攻撃することを報告しました。[12] その後、この現象は**つつきの順位 pecking order** と呼ばれるようになりました。こうした**順位制 dominance hierarchy** は他の鳥類や、群れで暮らす多くの哺乳類、一部の昆虫でも確認されています。順位制には、群れの秩序を保つ機能があるとされています。なお、群れの最優位個体を**アルファ個体 alpha individual** といいます。

　なお、ニホンザル集団で他個体を圧倒する強大なアルファ個体は「ボスザル」と呼ばれ、人間社会に引きつけて論じられたこともありました。しかし、餌づけした野生ニホンザルでは順位制は比較的緩やかで、餌づけもしていない完全な野生環境では明瞭な順位制は見られないようです。[13]

2．他者の影響

（1）模倣

　模倣 imitation とは他個体の行動に接して、それと似た行動を示すことです。模倣には生得的なものと習得的なものがあります。習得的模倣のしくみを模倣学習 imitation learning といい、これは他者の行動を観察して新しい行動を身につける観察学習 observational learning の 1 つです。鳥類学者ソープ（W. H. Thorpe）は、動物の模倣について、以下の 3 種類をあげました。[14]

　社会的促進 social facilitation は、ある個体が既に持っている行動が、他個体の行動を引き金として出現することで、学習によらない場合（生得的模倣である場合）もあります。1 羽の鳥が飛び立つと他の鳥もつられて飛び立つといった例が相当します。刺激強調 stimulus enhancement（局所強調 local enhancement）は、個体の行動によって特定の物体や場所に注意がひきつけられた結果、類似した行動が生じることです。イヌがかみついて奇妙な形に曲がった棒を他のイヌもかみつくといった例がこれに当たります。真の模倣 true imitation は、他個体の行動を見て、それと同じ行動を初めて、しかも試行錯誤なしに行うことです。心理学者トマセロ（M. Tomasello）は、大型類人猿でも真の模倣は少ないとして、エミュレーション emulation という用語を提唱しました。[15] これは、行動の目的（その行動によってどのような結果がもたらされるか）は他個体の観察によって理解できているが、具体的な動作は試行錯誤を通じて獲得するというもので、これも観察学習の一形態です。

　心理学者ゼントール（T. R. Zentall）は、模倣学習と呼べるのは、他個体の行動を学習する場合だけだと主張しています。[16] 例えば、他者がペンのキャップを外すようすを観察した結果、同じ行動をとったとしても、「キャップは外れる」という対象物の理解（アフォーダンス affordance 学習）だけに基づいてなされた行動であれば、模倣学習とは呼べません。

　こうした可能性を排除するため 2 行為手続き two-action procedure が考案されました。これは、同一物体に対してできる 2 種類の行為のうち、被観察個体（手本）と同じ行為を観察個体（被験体）がするかどうかを調べるものです。図 9－1 では、被観察個体が棒を左右どちらかに押すようすを観察個

体が「見学」します。その後、観察個体が棒のある部屋に入った際、棒を押す方向が以前に見たものと同じであれば真の模倣だと判定します。ラット[17]、ハト[18]、ウズラ[19]、ホシムクドリ[20]などで真の模倣が確認されています。

　手本となる他個体が複数存在するときは、誰を模倣するのかも重要です。動物は一般に、既知個体、血縁個体、高順位個体、雌個体を模倣しがちで、特に天敵などから回避するような状況においてこうした傾向が顕著です[21]。

　なお、他個体の行動を観察してから、実際に模倣行動を行うまでに時間がある場合、これを**延滞模倣 deferred imitation** といいます。ヒトでは生後半年の乳児で24時間後の延滞模倣ができます[22]。24時間後の延滞模倣はハトでも可能だとの実験もありますが[23]、刺激強調やアフォーダンス学習の可能性が排除されていません。これらの要因を2行為手続きで排除したイヌの実験では延滞模倣に成功していますが、その延滞時間は10分でした[24]。

　神経生理学者リッツォラッティ（G. Rizzolatti）らは、ブタオザルの脳の運動前野腹側部前方（F5野）に奇妙な神経細胞群を発見しました[25]。これらの神経細胞は、サル自身が餌を手でつかもうとしたときだけでなく、実験者が同様の手の動きをした際にも活動したのです。リッツォラッティはこうした神経細胞を**ミラーニューロン mirror neuron** と名づけ、運動の理解に関与しているとしました。自らの行為だけでなく、他個体の類似行為によっても活動するという性質から、ミラーニューロンは模倣と関連すると考えられています[26]。ただし、ミラーニューロンの活動は模倣の原因ではなく、知覚と運動の連合学習の結果に過ぎないとの指摘もあります[27]。

観察される個体　　　観察する個体

図9-1　ラットの2行為手続きテストで用いられた装置[28]

（2）行動の伝播

　個体Aの行動を個体Bが模倣し、個体Bの行動をさらに個体Cが模倣するといった繰返しによって、同じ行動が個体間で伝播することがあります。行動伝播の結果として生じた一時的状態を流行といい、それが長く続くと**文化 culture** とよばれることがあります。野生動物では、小鳥の牛乳瓶フタ開け行動やニホンザルのイモ洗い行動がよく知られています。

　1921年に英国の小さな町で、一羽のシジュウカラが牛乳瓶のフタを破いて中の牛乳を飲んでいるようすが目撃されました。その後、近隣の町村でも同様の報告が続き、この行動はしだいに英国中に広まりました（図9-2）。これが実際に行動伝播であるかどうかは議論があります。破れた牛乳瓶のフタは目立つため、刺激強調効果により他の鳥がフタをいじる行動が増え、破り開ける行動を学習しやすくなったのかもしれません。近縁種のアメリカコガラを用いて行われた実験はこの可能性を支持していますが、アオガラでは刺激強調によらない、真の模倣を示すとの報告があり[29]、シジュウカラも真の模倣の繰り返しによって行動伝播が生じた可能性が否定できません。[30]

　ニホンザルが砂のついた芋を海水で洗って食べる行動が群れの中に広まっているという観察報告は、霊長類学者である**河合雅雄**の英文論文[31]で国際的に有名となりました。しかし、ニホンザルと同じマカク属のカニクイザルでの野外観察から、イモ洗い行動も行動伝播ではなく、刺激強調で説明できるという研究者もいます。[32]

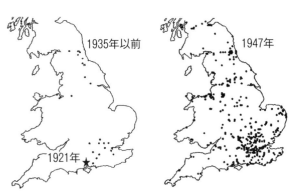

図9-2　英国本島におけるシジュウカラ・アオガラのフタ開け行動の目撃地点[33]

（3）無意識的物真似と相互同期

ヒトでは、交わりのある二者間で、表情・動作・音声などが意図せずに似ることがあります。こうした**無意識的物真似 unconscious mimicry** は、社会心理学では**カメレオン効果 chameleon effect** と呼ばれます[34][35]。動物における無意識的物真似は表情の模倣を中心に研究されており、チンパンジー[36]、オランウータン[37]、ゲラダヒヒ[38]、マカク属のサル[39]などのほか、イヌでも表情模倣[40]が見られるようです。表情は感情を反映する（→ p. 118）ことから、表情模倣は情動伝染（→ p. 172）の一種としても扱われます。無意識的物真似のユニークな研究として、動物園のチンパンジーが来園者の動作を真似るという観察報告があります[41]。なお、二者間で動作のタイミングが似ることを**相互同期（同調）interactional synchrony** といいます。例えば、飼育下のチンパンジーに画面の 2 ヶ所を一定のテンポでタップさせると、親子関係にある他のチンパンジーは同じテンポで画面をタップしました[42]。

（4）社会緩衝作用

多くの動物種で、同種他個体、特に仲間の存在はストレス反応を和らげます（**社会緩衝作用 social buffering**）。例えば、身体拘束されたマウスの体温は上昇しますが、仲間と一緒だとあまり上昇しません[43]。同種他個体の存在は、マウスの味覚嫌悪学習[44]や、電撃を用いた恐怖反応の学習[45]を弱めます。ラットでも恐怖反応の学習は他個体がいると緩和し[46]、その消去を促進します[47]。リスザルにヘビを見せたときに示す恐れは、仲間がいると小さくなります[48]。水槽に警報物質を溶かすとゼブラフィッシュは不動状態になりますが、他個体（7 匹）と一緒だとそれほど不活発ではありません[49]。

社会緩衝作用に関する行動研究では、一緒にされた相手が知り合いかどうかや、その関係（配偶・親子・兄弟関係など）が結果にどのように影響するか、相手の姿・発声・身体接触・匂い（フェロモンを含む）のどれがこの作用を引き起こすかが検討されます。また、社会緩衝作用については神経内分泌研究も盛んです[50]。

3．他者へのかかわり

（1）協力

同種の複数の個体が**協力 cooperation** して狩りや子育てをしたり、群れを防衛することは多くの野生動物の観察報告から明らかです。しかし、動物が協力の意味をどれだけ理解しているでしょうか。この点を明らかにするための実験が色々と行われています。例えば、紐引き協力課題（図9-3）では、2匹が協力して、力やタイミングを合わせないと餌を得られません。ギニアヒヒやマカク属のサル[51]、カワウソ[52]、ミヤマガラス[53]、ヨウム[54][55]は、単独でいるときにも紐を引いてしまいます（これによって餌は得られなくなります）。いっぽう、チンパンジー[56]、オランウータン[57]、ワタボウシタマリン[58]、ブチハイエナ[59]、アジアゾウ[60]、オオカミ[61]、ワタリガラス[62]、スジアラ（ハタ科の魚）[63]では協力相手の到

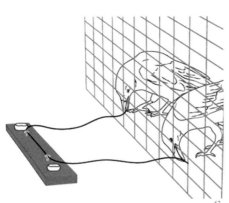

着を待つことができます。したがって、これらの種では自分の衝動を抑えて相手と協力できると思われます。なお、フサオマキザルでは失敗報告[64]と成功報告[65]があり、イヌについても成功報告[66]と失敗報告[67]があります。実験方法の細かい違いや動機づけの程度、相手との関係などが課題の成否に影響するのでしょう。

図9-3　紐引き協力課題に取り組むワタリガラス[62]

（2）不公平嫌悪

動物が**公平 fairness** という考えを持つかどうかは、さまざまな状況で研究されています[68]。例えば、小石1個を実験者に渡す報酬としてキュウリ1片をもらっていたフサオマキザルは、他個体がブドウ1粒を報酬としてもらっているのを見ると、キュウリ片の受け取りを拒否します[69]（フサオマキザルはキュウリよりブドウが好物です）。このように公平でない状況を嫌うことを**不公平嫌悪 inequity aversion** といいます。

不公平嫌悪に関する研究の多くは霊長類を対象にしたものですが、イヌ、[70]ラット、[71]カラス[72]も不公平状況を忌避します。マウスでは、相手のチーズが自分のものより大きいと体温が上昇するため、不公平状況を不快に感じているかもしれません[73]（情動熱：→ p. 65）。魚類ではホンソメワケベラで否定的報告があります。[74]しかし、動物で行われているテストと同じような状況でヒトは不公平嫌悪を示さないとの報告があり、[75]この問題の研究の難しさを示しています。

（3）向社会行動

相手にとって利益となる行為を**向社会行動 prosocial behavior** といい、向社会行動を行う性質を**向社会性 prosociality** と呼びます。[76]前述の協力行動は共同作業を行う他者の利益になるので向社会行動です。しかし、向社会行動として特に注目されるのは、自分に利益がない場合です。例えば、餌を得るための道具（棒）を取ろうとしているチンパンジーを見た仲間のチンパンジーは、無償でその道具を取って手渡します。[77]これは、苦境にある他個体を助ける**援助行動 helping behavior** です。チンパンジーは、相手が熱心に餌を取ろうとしていない場合には援助行動を示しません。[78]こうした例は、援助行動を引き起こすのは他者の苦境であることを示しています。

ラットでも、吊り下げられて悲鳴をあげている他個体をレバーを押して下に降ろす行動が報告されています。[79]しかし、単に大きな音がすれば興奮してレバーを押すため、援助行動だと結論できません。[80]イヌも、特別な訓練をしていなければ、飼い主が苦境（心臓麻痺や本棚の下敷きになって動けないふりをする）にいても助けようとしません。[81]しかし、難病の床にいる患者が発作を起こした際、飼い犬が吠えて周囲に異変を知らせ、患者の脚や耳を軽く噛んで意識を元に戻そうとした例が報告されています。[82]

向社会性選択テストでは、「自分と相手がともに報酬を得る」相利的選択肢と「自分だけ報酬を得る」利己的選択肢のどちらを選ぶかを調べます（いずれの選択肢でも自分が得られる報酬は同じです）。前者を選ぶと向社会性があると判断します。ただし、後者を選んだ場合には向社会性がないのか、それとも課題構造（相手の餌の量など）を把握できないのか判別できません。[83]

4．他者の理解

　心理学では、相手の心を理解して上手に扱う能力、つまり他者との関係で賢くふるまう能力を**社会的知性 social intelligence** といいます[84]。動物の社会的知性については、霊長類学者**ドゥ・ヴァール**（F. B. M. de Waal）によるチンパンジー集団における政治的駆け引きを詳述した著作をきっかけに[85]、関心が寄せられるようになりました。社会的知性は、権謀術数による政治を主張して実践したルネサンス期の政治思想家で外交官の**マキャベリ**（N. Machiavelli）にちなんで**マキャベリ的知性 Machiavellian intelligence** といわれており[86]、複雑な社会関係への適応が脳の複雑化や大型化をもたらした可能性（**社会脳化説 social brain hypothesis**）も論じられています[87]。

（1）欺き

　地上に営巣するシギやチドリなどは、天敵が巣に近づくと怪我で飛べない振りをして天敵を引きつけ、巣から十分離れた地点で飛んで逃げます。これによって巣内の卵や雛が守られるのです。こうした行動を**擬傷 injury feigning** といいます[88]。これは生得的行動としての**欺き**（だまし）**deception** ですが、経験によっても欺き行動は生じます（他者を欺いて危機を避けたり、報酬を独り占めしたりできると、欺き行動が学習されます）[89]。ベルベットモンキーは天敵襲来を知らせる警戒音声（→ p.120）を故意に発しなかったり、天敵がいないのに警戒音声を発して、群れの仲間や他の群れの個体をだますことがあります[90]。これは、学習された欺き行動かもしれません。

　チンパンジー[91]や、クモザル・カニクイザル・オマキザル[92]、マンガベイ[93]などで、強い他個体が餌に気づいていないときは餌のありかに直接近づかないとの報告があります（近づくと奪われてしまうからです）。ハイイロリスやアメリカカケス[94][95]は、他個体が見ていると餌の隠し方を変えます。他個体の有無によって異なった行動をとるのは、過去経験に基づく学習として解釈できなくはありません。しかし、チンパンジーは過去に経験したことのない状況下でも餌を他者（実験者）から隠すような振る舞いを見せます[96]。新しい場面で相手を欺くには、相手の知識や意図を読む必要があるでしょう。

（2）他者の知識や意図の理解

チンパンジーのサラ（→ p. 126）に、ヒトが問題状況で困っているようす を映した動画を見せると、正しい答えの映った写真を選びました[97]。例えば、 天井にバナナが吊るされている動画では箱に登っている写真を選び、檻の外 にバナナがある動画では棒を突き出している写真を選びました。このことか ら、プレマックは、サラはヒトの気持ちを読み取ったのだと論じて、このよ うに他者の心を推測する能力を**心の理論 theory of mind** と名づけました[98]。前 項で紹介した欺きも「心の理論」という観点から考察できます。

「心の理論」という観点は児童心理学分野に大きな影響を与え、他者の心 を推測する能力を測る**誤信念テスト false-belief test** が考案されました[99]。これ は、児童に「主人公の不在時に、物品（お菓子やボール）の隠し場所を誰か が変更した」という物語を見せた後、戻ってきた主人公がどこを探すかを訊 ねるテストです。心の理論があれば、「最初の場所を探す」と答えるはずで すが、4歳未満の児童の多くは「変更後の場所を探す」と回答します。

チンパンジーは誤信念課題に失敗します[100]。チンパンジーは「見る」が「知 る」を意味することすらわからないと思われる実験結果（例えば、頭にバケ ツを被っている人物と、バケツを肩に抱えた人物のどちらにも同程度、餌をねだ る）もあります[101]。このため、チンパンジーにおける心の理論の存在は疑問視 されるようになりました[102]。しかし、チンパンジーは失敗した誤信念課題でも 最初の隠し場所に視線を向けており、これは「心の理論」の存在を示唆して います[103]。いっぽう、イヌは「見る」が「知る」を意味することがわかってい るようです。例えば、イヌは目隠しをした人よりもしていない人から餌をね だりますし、「伏せ」や「待て」の命令は人が見ていないときに破りやすい[104] との報告があります[105]。イヌが飼い主に隠された物のありかを知らせる行動 は、隠す現場に飼い主がいなかったときに激しいそうです[106]。こうした結果は イヌがヒトの「心」を推察できる可能性を示しており、家畜化の過程でヒト の知識や意図を理解する能力が人為的に選択された結果だとされています[107]。 ただし、こうしたテスト結果はオペラント条件づけの弁別学習に過ぎないと の主張もあります[108]。

（3）他者の感情の理解

　表情は感情の発露（自然表情）であり、表情は情報コミュニケーションの役割を持ちます（→ p. 118）。他者の感情の理解とは、情報の送り手が持つ「メッセージ」と受け手にとっての「意味」が一致することです。例えば、他者が悲しむようすを目にすると自然と哀しくなり、喜ぶ姿には自ずと嬉しくなります。このように、個体が発する情動の信号がそれに接した他個体に類似の情動を喚起することを**情動伝染 emotional contagion** といいます。

　アカゲザル[109]、ラット[110]、ハト[111]では、他個体の悲鳴が聞こえると、餌を得るためのオペラント反応を中断するとの報告があります。ラットは悲鳴のする部屋は避けますが、抗不安薬を投与するとこの傾向は弱まります[112]。また、電撃を受ける他個体が近くにいると、ラットはストレス性の生理反応を示しますが、それは抗不安薬の投与によって緩和されます[113]。2匹のマウスの腹部に酢酸を注射すると、1匹だけで注射したときよりも痛み反応が大きく、これは同時に痛みに苦しんでいる他個体の姿を見ることが原因です[114]。さらに、痛み止め注射されたマウスがいると自分の痛みも弱まります[115]。こうした実験報告は、情動伝染が動物に生じる可能性を強く示唆しています。

　動物における他者の感情の理解に関する研究は、単純な情動伝染に留まらず、他個体の負の情動（特に苦悩）をどれだけ把握でき、苦境からの脱出に助力するかという問題を中心に発展してきました。ダーウィンが「多くの動物が他個体の苦悩や危機に同情する」と述べているように、苦境にある他個体[116]に接した動物の反応には、**同情 sympathy** や**共感 empathy** と呼べそうなものがあります。

　他者の感情理解に関する展望論文[117]によれば、同種の2個体間でケンカが生じた際、その敗者に第三者が近寄って慰める行動を示すことが、チンパンジー・ボノボ・ゴリラ・マンドリル・マカク属のサル・イヌ・オオカミ・イルカ・カラス・カケス・セキセイインコなどで見られますし、ゾウ・ラット・ハタネズミなどでも他個体の苦悩に同情していると思われる事例が報告されています。さらに、苦境にある他個体を積極的に援助しようとする行動も、チンパンジー・ボノボ・オランウータン・クモザル・マカク属のサル・

ゾウ・イルカ・クジラなどで確認されています。

　これらはすべて野生あるいは飼育下の動物の自然観察によって得られた研究成果ですが、人工的に状況を設定して、動物が他個体の感情や状況にどのように反応するか調べた実験もあります。例えば、イヌはヒトが泣くふりをすると近づいて慰めようとします[118]。また、ラットやマウスは筒に閉じ込められた他個体を救出しますし[119]、ラットは溺れている他個体を助けます[120]。しかし、こうした行動は、救出後の他個体の社会的交渉が報酬となった学習行動に過ぎず、同情や共感といった心の働きで理解すべきではないとの批判もあります[121]。さらに、アリですら窮地にある他個体を救出することから、同情や共感といった言葉を安易に使用すべきでないとする研究者もいます[123]。

　動物が他個体の苦悩に同情・共感して援助すると結論するには、適切な統制条件を設定して、それ以外の説明を排除する必要がありますが、そもそも「同情」や「共感」といった言葉の定義を研究者間で一致させておかねばなりません。表9-1は他者が経験している負の情動の理解に関する用語をまとめたものです。なお、**認知的共感 cognitive empathy** から明瞭に区別するため、「共感」を**情動的共感 emotional empathy** と称することがあります[124]。

表9-1　他者が経験する負の情動の理解に関する用語[125]

用語	定義	自他の区別	自他の情動状態の対応	相手を援助するか
情動伝染	他者の情動を把握して類似情動が喚起されること	なし	あり	援助行動は見られない
同情	他者の苦悩を把握して「気の毒」に感じること	あり	なし	状況による
共感	他者の状況を把握して類似情動が喚起されること	あり	あり	相手との親しさや類似性、苦境強度に応じて援助
認知的共感	他者視点で情動状態をイメージすること	あり	なし	状況による
向社会行動	他者を助けて苦悩を軽減すること	状況による	必要なし	援助する（援助することは定義に含まれている）

利他行動

　向社会行動のうち、その場では自分に損となるにもかかわらず相手に利する行為を**利他行動 altruistic behavior** といい、利他行動を行う性質を**利他性 altruism** と呼びます。これに対して、相手の損益を無視して、自分に利する**利己的行動 selfish behavior** を行う性質が**利己主義 selfishness** です。利他行動の代表は、限られた食物の分配です。利他行動のうち、後で相手から見返りがあるものを**互恵的利他行動 reciprocal altruism** といい、ニホンザルが互いに毛づくろいをする例などがこれに当たります[126]。ラットでも、餌をもらった相手に対して餌を与えるとの実験報告があります[127]。しかし、利他行動の恩恵に浴しながら、返礼をしないただ乗り（フリーライダー）個体もいます。このような個体には、初めは親切で、裏切りには報復し、再び協力したら許すという**しっぺ返し戦略 tit-for-tat strategy** が最も有効です。利他行動の進化は動物がこの戦略にしたがって行動したために生じたと考えられます。

　しかし、互恵的でない（つまり、見返りのない）利他行動もあります。霊長類では、親以外の個体が子どもの世話をする共同保育（→ p. 186）の程度が利他行動と関連しているようです。餌の乗った板を手前に引き続けると他個体が餌を得られるという共通のテストで、霊長類15種を比較したところ、共同保育が見られる種ほど、頻繁にこの行動を行いました[128]。
　利他行動は、それによって利益を得る相手からではなく、周囲の他個体（群れの仲間）から「あいつはいい奴だ」と高く評価される（厚遇を受ける）ことによっても、維持されているのかもしれません。こうした**間接互恵性 indirect reciprocity** も利他行動の進化的基盤の1つと考えられます[129]。

包括適応度

　動物行動学者ウィン＝エドワーズ（V. C. Wynne-Edwards）は、群れの他個体の利益となる利他行動を行う個体が多い群れは、そうでない群れよりも生き残りやすいとして、自然選択は個体ではなく群れなどの集団に強く作用すると主張しました（**群選択 group selection**）。利他行動の顕著な例は、アリなどの社会性昆虫に見て取ることができます。

　しかし、働きアリは女王アリのために生涯をささげ、自らの遺伝子を残せません。このため、働きアリが女王アリに対して行う利他行動は進化できないように思えます。しかし、働きアリは女王アリと遺伝子の多くを共有しているため、自らが死んでも、女王アリが兄弟姉妹をたくさん産めば、自分の遺伝子の多くを残せます。この場合、自然選択は単なる群れではなく、近縁者集団に作用していることになります（**血縁選択 kin selection**）。

　個体が自分と同じ遺伝子を増やす場合に利他行動が進化するという考えを理論化したのが進化生物学者ハミルトン（W. D. Hamilton）です。遺伝的適応度（遺伝子が広まる程度）は、その個体自身の直接的適応度と、他個体を通じての間接的適応度の合計であると彼は考え、それを**包括適応度 inclusive fitness** と呼びました。利他行動の進化は、以下の式（**ハミルトン則 Hamilton's rule**）で表せます。

$$rB > C$$

　つまり、相手との血縁度（relatedness, r：遺伝子の共有率）と利他行動によって相手が得る利益（benefit, B）の掛け算である間接的適応度（rB）が、利他行動を行うことによるコスト（cost, C）、つまり自分自身の子孫が残せないデメリットを上回る場合に、利他行動が進化するというわけです。

　なお、社会行動の進化を探る研究分野を**社会生物学 social biology** といい、昆虫学者ウィソン（E. O. Wilson）[130]によって唱道されました。社会生物学では、遺伝子中心の視点に立ちます。これをさらに推し進めたのが、進化生物学者ドーキンス（R. Dawkins）で、個体は遺伝子の乗物にすぎないとする**利己的遺伝子 selfish gene** 論[131]を発表し、利他行動も遺伝子レベルで考えれば利己的だと論じました。

■ **指差しテスト**

　目の前に2つの不透明な容器があって、実験者がその一方を無言で指さしているとしましょう。この状況では、多くの人がそちらを選ぶでしょう。相手の心を読んで、「これを選んで欲しがっているのだな」と考えるからです。動物に「心の理論」があるかどうか調べる簡単な方法として、こうした**指さしpointing テスト**が多くの動物種を対象に行われています。最近の展望論文によれば、哺乳類では、霊長類（チンパンジー、ボノボ、ゴリラ、オランウータン、シロテナガザル、アカゲザル、カニクイザル、ニホンザル、フサオマキザル、ワタボウシタマリン）や食肉類（イヌ、タイリクオオカミ、アカギツネ、ディンゴ、コヨーテ、ハイイロアザラシ、ミナミアフリカオットセイ、カリフォルニアアシカ、ネコ）での研究が多く、このほかにウマ、ヤギ、ブタ、フェレット、アフリカゾウ、アジアゾウ、オオコウモリ、ハンドウイルカでも調べられています。鳥類ではワタリガラス、ニシコクマルガラス、ハイイロホシガラス、ヨウムが調べられています。このうち、イヌでは発表された53篇の論文すべてが成功報告でした。また、下線を引いた3種以外の動物についても、テストした個体のうち半数以上がテストに合格したと報告されています。

　イヌはチンパンジーなどの類人猿よりも成績がよいため、この能力は家畜化の過程で強められてきた社会的知性だと論じられています。しかし、家畜化されていない動物でも一定の成績をおさめることから、イヌが示す好成績は日常生活でヒトと接している間に学習したスキルを反映しているだけかもしれません。また、飼い犬は幼少期から飼い主と親密な関係にあるため、ヒトに懐き、豊富な対人経験を持っています。これが指さしテストでの好成績をもたらす可能性があります。保護施設にいるイヌよりも人に育てられたタイリクオオカミのほうが成績がよいという報告はこうした見解を支持しています。なお、イヌは社会的場面での学習能力が高いため、社会的知性そのものではなく、社会的手がかりに対する学習の準備性が家畜化によって進化したのかもしれません。

column ■ 自己意識

　イソップ寓話のイヌは、川面に映った自らの姿を他者だと勘違いして吠えかかったために、くわえていた肉を落としてしまいます。自分を他者と区別するには、「自分」という存在に気づいていること（自己意識 self-awareness）が必要です。動物心理学者ギャラップ（G. G. Gallup, Jr.）は、4頭のチンパンジーの檻の前に大きな鏡を設置して10日間にわたって観察しました。[138] 鏡像に対し威嚇するような社会的反応は徐々に減り、歯間の食べかすを鏡を見ながら取るといった自己指向反応が増えました。こうした行動変化は、チンパンジーが鏡像を自分だと認識するようになったこと（鏡像自己認知 mirror self-recognition）を示唆しています。さらにギャラップはチンパンジーたちに麻酔をかけて、眉や耳といった直接見えない部位に赤い染料を塗布しました。チンパンジーたちが目覚めた後、鏡のない状況では塗布部位に触れないことを確認してから、鏡を再設置したところ、鏡を見ながら塗布部位を触る行動が頻繁に現れました。このような実験をマークテスト mark test といいます。なお、マカク属のサル3種はこのテストに合格しませんでした。さらに、ギャラップの研究チームを含む複数の研究チームがさまざまな動物種にマークテストを実施しましたが、合格したのはチンパンジーなど大型類人猿だけだったため、自己意識はヒトと大型類人猿だけが持つ心の働きで、自分がどのような存在かという自己概念に基づくとされました。[139]

　しかし、その後の研究で、チンパンジーでもマークテストに合格しない個体が少なからずいることがわかりました。[140] また、イルカ、ゾウ、カササギ、イエガラス、ハト（鏡を使う事前訓練をした個体）、ホンソメワケベラ、アリなどがマークテストに合格するという報告がある一方で、テナガザル、アシカ、パンダ、ハシブトガラス、ハシボソガラス、ハイイロホシガラス、オウム、シジュウカラ、オナガなどは失格しています。[141]

　マークテストは視覚の弱い動物には適応できませんし、鏡の大きさの影響を受けるなど、動物の自己意識の存在を確認する方法としては問題が少なくありません。[142] なお、社会性の高い動物種が合格しやすいとの説もありますが、[143] 上述のようにアシカのように群れで生活する動物種も失格しています。

◆さらに知りたい人のために

○伊藤嘉昭『新版 動物の社会―社会生物学・行動生態学入門』東海大学出版会　2006

○菊水健史『社会の起源―動物における群れの意味』共立出版　2019

○上田恵介『鳥はなぜ集まる―群れの行動生態学』東京化学同人　2019

○明和政子『霊長類から人類を読み解く―なぜ「まね」をするのか』河出書房新社　2003

○大槻久『協力と罰の生物学』岩波書店　2014

○ドガキン『吸血コウモリは恩を忘れない―動物の協力行動から人が学べること』草思社　2004

○トマセロ『ヒトはなぜ協力するのか』勁草書房　2013

○トマセロ『道徳の自然誌』勁草書房　2020

○森由民『ウソをつく生き物たち』緑書房　2023

○バーン＆ホワイトゥン（編）『マキャベリ的知性と心の理論の進化論―ヒトはなぜ賢くなったか』ナカニシヤ出版　2004

○バーン＆ホワイトゥン（編）『マキャベリ的知性と心の理論の進化論 II―新たなる展開』ナカニシヤ出版　2004

○バーン『洞察の起源―動物からヒトへ、状況を理解し、他者を読む心の進化』新曜社　2018

○プレマック＆プレマック『心の発生と進化―チンパンジー、赤ちゃん、ヒト』新曜社　2005

○ドゥ・ヴァール『チンパンジーの政治学―猿の権力と性』産経新聞出版　2006

○ドゥ・ヴァール『仲直り戦術―霊長類は平和な暮らしをどのように実現しているか』どうぶつ社　1993

○ドゥ・ヴァール『利己的なサル、他人を思いやるサル―モラルはなぜ生まれたのか』草思社　1998

○ドゥ・ヴァール『共感の時代へ―動物行動学が教えてくれること』紀伊國屋書店　2010

○ドゥ・ヴァール『道徳性の起源―ボノボが教えてくれること』紀伊國屋書店　2014

○平田聡『仲間とかかわる心の進化―チンパンジーの社会的知性』岩波書店　2013

○板倉昭二『自己の起源―比較認知科学からのアプローチ』金子書房　1999

○幸田正典『魚にも自分がわかる―動物認知研究の最先端』筑摩書房　2021

○グンター『鏡のなかの自己―ミラーテストと「自己認知」の歴史』青土社　2023

第 10 章❖発達と性格

　発達 development は、「霊長類は齧歯類より発達した脳を持つ」のように、複雑化・高度化・巨大化を意味する言葉として用いられる場合もありますが、心理学では、心身の特徴や機能が時間経過とともに変化していく過程を指す言葉として使われるのが一般的です。かつて、発達という言葉は**成長 growth** や**成熟 maturation** とほぼ同じ意味でした。しかし、近年では老化を含めた**生涯発達 lifespan development** の観点が重視され、**受胎 conception** から**老衰 senile decay** による死までの全過程を発達と呼ぶようになりました。

　生物学では、多細胞生物（動物も含まれます）が受精卵として生命をスタートしてから成体になるまでの過程を**個体発生 ontogeny** といい、**系統発生 phylogeny**（進化）との関係で形質を考える試みは**ヘッケル**（E. Haeckel）以来の歴史があります。今日では遺伝学の進歩に伴い、そうした学問は**進化発生生物学 evolutionary developmental biology**（エボデボ evo-devo）と呼ばれています。なお、個体発生という用語も近年では成体以降の変化（老化）を含めた生涯全体を意味することがあります。

　発達研究には、特定の個体や集団を長期的に観察して時間的変化を追う**縦断的研究 longitudinal study** と、異なる年齢個体または集団を同時期に観察して比較する**横断的研究 cross-sectional study** があります。縦断的研究は横断的研究に比べて時間や費用がかかるため、ヒトの発達研究では後者が用いられがちです。いっぽう、ヒト以外の動物の多くはヒトより発達が早く、飼育下で継続的な観察が容易なため、縦断的研究もよく用いられます。

　ところで、動物の行動には同じ種であっても個体による違いが見られます。遺伝的要因と環境要因がそうした個性を形づくります。環境要因には、受精後から誕生までの環境（卵生の場合は周囲の温度など、胎生の場合は母胎内環境）、誕生後の物理的環境、栄養状態、経験などが含まれます。ヒトの行動上の個人差は「性格」の違いと呼ばれますから、動物についても近年は「性格」という観点で理解しようとする試みがあります。

1．寿命と性成熟

　動物の中には、1ヶ月で寿命が尽きる種もあれば100年以上の長寿種もいます。いくつかの動物種について最長寿命を表10-1に示します。この表にはありませんが、脊椎動物の最長寿はニシオンデンザメで、最高齢個体は約400歳と推定されています[1]。無脊椎動物のうち集中神経系を持つ種ではアイスランドガイ（黒ハマグリ）の507歳という記録があります[2]。神経系を持たないガラスカイメンはさらに長寿で5,000～17,000年と推定されています[3]。なお、ヒドラ（クラゲと同じく散在神経系を持ちます）は数週間ごとに体をすべて再生し直すため不老不死だとされています[4]。

　表10-1には**性成熟 sexual maturity** までの期間も示してあります。性成熟の始まりを**春期発動 puberty** といいます。**成体 adult** は完全に性成熟した個体として定義されることが一般的です。例えば、タンチョウ（丹頂鶴）の寿命は29歳（中央値）で性成熟は3～4年ですから[5]、生涯の約1割が幼年期

表10-1　動物の性成熟と最長寿命[6]

動物名	性成熟	最長寿命	動物名	性成熟	最長寿命
[哺乳類]			[爬虫類・両生類]		
ヒト	11～16年	122年6ヶ月	ミシシッピワニ	5～10年	83～88年
チンパンジー	8～11年	59年5ヶ月	キスイガメ	5～6年	21年
ゴリラ	5～8年	60年1ヶ月	ガーターヘビ	2年	6年
ニホンザル	3～4年	38年6ヶ月	アメリカマムシ	2～3年	18年6ヶ月
リスザル	3年	21年	ウシガエル	1～3年	15年8ヶ月
ネコ	6～15ヶ月	30年	ヒキガエル	1.5～2年	10～15年
イヌ	6～8ヶ月	24年	[魚類]		
アジアゾウ	1年	70年	コイ	0.25～5年	226年
ウマ	1年	57年	ブラウンマス	2年	18年
ウシ	6～10ヶ月	30年	タイセイヨウサバ	1年	15年
ブタ	5～8ヶ月	27年	マイワシ	1年	5年
ヒツジ	7～8ヶ月	22年10ヶ月	[無脊椎動物]		
ハイイロリス	1～2年	15年	アカネアワビ	6年	13年
ハツカネズミ	35日	6年	ケンサキイカ	1～2年	3～4年
ドブネズミ	40～60日	3年10ヶ月	キヒトデ	1年	5年
[鳥類]			タラバガニ	7年	33年
ダチョウ	3～5年	50年	アオガニ	13ヶ月	3年
ワタリガラス	3年	69年	オオミジンコ	75～86時間	108日
ハト	4～6ヶ月	35年	ワモンゴキブリ	285～616日	4年7ヶ月
ウタスズメ	1年	8年	ヒトジラミ	10日	30日

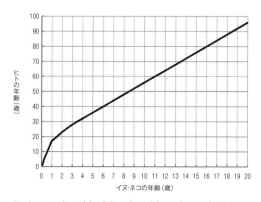

図10-1　イヌ（小型犬・中型犬）やネコの年齢とヒトの年齢の換算目安

（子ども時代）です。いっぱう、アカウミガメの寿命は47〜67年で性成熟は17〜33年[7]ですから、生涯の約半分が幼年期です。アメリカ東部で17年周期で大発生するセミは羽化した後、数週間で死にますから[8]、このセミは生涯の99.5％が幼年期ということになります。

このように、寿命と性成熟までの年月の比率は動物種によって大きく異なるため、「イヌの○歳はヒトの△歳に相当する」といった動物種間の年齢比較は容易ではありません。そうした記述をする場合は、少なくとも性成熟年数と寿命の両者に配慮して、目安として示すにとどめるべきでしょう（図10-1）。

ところで、「寿命」という言葉には注意が必要です。例えば、日本人の平均寿命は男性81歳、女性88歳（2021年度）ですが、これは生まれたばかりの赤ん坊の平均余命の期待値であり、病気や事故で若くして亡くなった人を含めて計算したものです。動物についてヒトと同じように平均寿命を計算すれば、幼生で大量に死ぬ種では極めて低い値になります。例えば、モンシロチョウでは孵化までに14％の個体が死に、孵化してもほとんど生き残れず、成体になれるのは卵全体の2％にすぎません[10]。したがって、ヒトと同じように平均寿命を計算することは無意味です。そこで、成体になるまでの期間とそれ以降の余命を足し合わせて寿命を求めることになります。

なお、自然界（野生）での寿命（生態的寿命 ecological longevity）と最適な環境下での寿命（生理的寿命 physiological longevity）は、しばしば大きく異なります。最適環境としては、天敵がおらず十分な栄養を与えられて健康管理もしっかりした飼育場面がよいように思えますが、野生動物は飼育下のストレスに耐えられず、寿命を縮める場合もあります。

2．幼年期

　発達はティンバーゲンが動物の行動を理解するために指摘した4つの問い（→ p. 15）の1つです。誕生後、性成熟までの段階にある個体を**幼体 juvenile**と呼び、性成熟間近の個体を**亜成体 subadult** といいます。ただし、発達途中で**変態 metamorphosis** する動物では、変態前の個体を**幼生 larva** といい、変態から性成熟までの期間が長い種では、その期間の前期が**幼体**、後期が**亜成体**です。幼生と成体は形態だけでなく生活環境・様式が異なります。例えば、ボウフラやヤゴは水中生活者ですが、その成体であるカやトンボは空中生活者です。イモムシは這いながら葉を食べますが、その成体であるチョウは花から花へ舞い飛びながら蜜を吸います。変態によって移動能力を獲得する種（例：クラゲ）も、逆に失う種（例：ホヤ）もいます。

　変態前後で環世界（→ p. 22）も大きく異なると考えられます。例えば、地上で孵化したセミの幼虫はすぐ土中に潜ると何年も真っ暗な環境で草木の根から汁を吸って暮らします（幼虫は目が退化しています）。その後、地上に出て羽化して生態となり、明るい世界で空を飛び樹液を吸いながら数週間過ごします。セミは幼虫と成虫で、感じている世界がまるで違うでしょう。では、変態する動物の「心」は変態前後で連続性を持つのでしょうか。

　少なくとも、一部の記憶は変態を経ても変わらず保持されているようです。例えば、チャイロコメノゴミムシダマシの幼虫（ミールワーム）にT字迷路を用いて明るい場所から逃げる学習を形成したところ、変態して成虫になってもそれを記憶していました[11]。ショウジョウバエ[12]やタバコスズメガ[13]では、電撃と対呈示された匂いを忌避する学習が変態後も維持されます。

　両生類では変態後も水中で暮らすアフリカツメガエルを用いた研究があります[14]。電撃の強い黒色区画を避けて電撃の弱い白色区画に移動するよう学習した個体は、35日後もその記憶を維持していましたが、その間に幼生（オタマジャクシ）から成体に変態した場合も、訓練時に既に成体であった場合でも、同程度の記憶成績でした。これらの研究は、変態（神経系も大きく変化します）前後で連続する「心」の存在を示唆しています。

子殺し

　ハヌマンラングールの野生観察をインドで行っていた霊長類学者の杉山幸丸は、群れを乗っ取った雄が子ザルを次々に殺したという事例（子殺しinfanticide）を報告しました。この報告は当初、偶発的行動に過ぎないとしてあまり注目されませんでしたが、動物学者シャラー（G. Schaller）がライオンで同様の事実を発表して以降、霊長類を中心に多くの動物種で報告されるようになりました。霊長類の他にも、哺乳類（ジリスやヒグマなど）・鳥類（カモメやツバメなど）・昆虫（タガメやアシナガバチなど）・両生類（アマガエルなど）・魚類（ナマズやグッピーなど）で、子殺しが見られます。子殺しの原因としては、異常行動説のほかに、密度調節説（群れにとって適切な個体数を保つ）、栄養補給説（殺して食べる）、選抜説（優秀な子どもだけ残す）などがありますが、社会生物学（→ p. 15）の誕生とともに、他の雄の遺伝子を持つ子を殺して自分の遺伝子を持つ子を残すという説が有力となりました。ただし、チンパンジーでは無関係な群れの子を殺す事例もあり、食べるための子殺しもあるようです。

加齢研究

　発達心理学の分野では老年期を含めた生涯発達という視点が主流となり、老年期の諸問題が取り上げられることも多くなってきました。動物心理学では加齢 aging についての研究はまだ少なく、野生や飼育下での日常的観察記録が中心ですが、ヒトの認知症治療に貢献するための動物モデルの開発は進められています。例えば、老化促進モデルマウスを使って、健康補助食品や食物に含まれる抗酸化物質などが、学習・記憶能力の加齢による低下を改善できるかどうかが、迷路課題や回避課題を用いて調べられています。なお、老齢ザルの認知機能についても、複雑な刺激弁別課題を用いた研究が行われていて、こうした研究も認知症の理解と治療に役立つことが期待されています。

3．初期経験

　発達初期の経験（初期経験 early experience）が、成長後の行動に大きな影響を及ぼすことがあります。例えば、誕生直後のネコを縦縞しか見えない部屋で育てると、横縞の認識が困難になりました[21]。幼いチンパンジーを暗室で育てると視覚能力が弱まり[22]、手足をボール紙で覆って育てると手足に針を刺してもあまり痛みを感じなくなりました[23]。生後すぐに隔離飼育したアカゲザル[24]やニホンザル[25]は、同じ行動を繰り返す常同行動 stereotypy を示したり、他個体と適切な関係を結ぶことができなくなりました。また、離乳直後から7〜10ヶ月齢になるまで隔離飼育したイヌは、ささいなことに興奮し、記憶・学習課題の成績が悪く、社会行動に異常が見られました[26]。

　心理学者ローゼンツワイク（M. R. Rosenzweig）らは、ラットを用いて発達初期の飼育環境の影響を数多くの実験で報告しています。例えば、離乳後の4〜10週間、狭いケージで個別に隔離飼育したラットと、回転輪や梯子などの遊具のある大きなケージで集団飼育してときどき迷路を走る経験をさせたラットでは、大脳皮質の重さや厚さ、ニューロンの主状突起の数に違いが見られました[27]。貧弱な環境よりも豊富な環境のほうが脳や行動によい影響を与えることは、その後、ラットやマウスなどの実験動物を対象とした数多くの実験により確かめられており、その神経化学的機構も明らかにされつつあります[28]。

　発達初期だけでなく成体にとっても、多くの動物では、単調な飼育環境は大きなストレスになります。飼育環境を豊かで充実したものにする取組みを環境エンリッチメント environmental enrichment といいます。最近の動物園や水族館では、生息地に近い豊かな環境で野生動物を飼育する生態展示 ecological exhibits が広がっていますし[29]、家畜などの産業動物についてもできるだけ豊かな環境を与えるべきだとされています[30]。これらは動物福祉（→ p.19）の精神にのっとったものです。

　アヒルやニワトリなど離巣性（早成性）の鳥のヒナは、生後すぐの限られた期間（臨界期 critical period）に見た動く物体をその後、追いかけるようになります（図10-2）。この刻印づけ imprinting（刷り込み）現象には生得的要

因が深く関わっていますが、どのような対象に刻印づけられるかは経験によるため、刻印づけによって生じた追従反応は単なる本能ではなく、むしろ学習の一種として位置づけられます[31]。

　なお、刻印づけ対象への追従反応は**子の刻印づけ filial imprinting** と呼ばれ、親に対する**愛着 attachment** の一種であると考えられています。これに対し、刻印づけ対象と同じ動物種の個体に対して、性成熟後に求愛行動を行う現象を**性的刻印づけ sexual imprinting** といい、刻印づけ時に同種の認識も形成されることを意味しています。

　刻印づけは**初期学習 early learning** の一種ですが、鳴禽類のさえずりの学習（**歌学習 song learning**）も臨界期を持つ初期学習です（→ p. 123）。なお、「臨界期」という言葉は、その時期を過ぎるとまったく学習されず、事後修正もできないこと（学習の不可逆性）を意味しています。学習可能な時期の境界はそれほど厳密ではないため、近年では**感受期（敏感期）sensitive period** という言葉が用いられるようになりました。

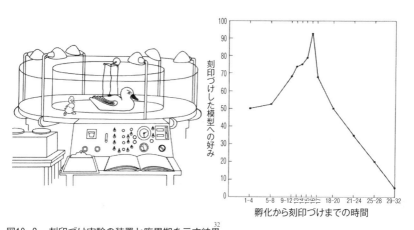

図10-2　刻印づけ実験の装置と臨界期を示す結果[32]
人工孵化したマガモは孵化から一定時間後に、模型のカモが円形軌道上を動く装置に10分間入れられました。翌日、刻印づけ時に用いた模型と、用いなかった模型のどちらを好むか選択テストを行いました。

4．養育行動

　仔に対する母親の養育行動（育仔）には給餌（哺乳類では授乳）のほかに、抱卵（卵生の場合）、生まれた仔の保温・保護・排泄促進などのための諸行動が含まれます。巣作りも保温・保護機能を持つための養育行動です。ラットやマウスでは、分娩前後に卵巣から多量に分泌される女性ホルモンの一種であるエストロゲンが母親の養育行動を開始させる働きを持ちますが、分娩後に脳下垂体後葉から分泌されるホルモンの一種である**オキシトシン oxytocin**も養育行動を増加させます[33]。また、養育行動の維持には仔との接触経験も大きな役割を果たし、母親の養育行動と仔の成長とは相互促進的です[34]。

　多くの動物種では父親も、巣作りを初めとして色々な養育行動を示します。霊長類ではヨザルやマーモセットのように父親が母親と同等以上に養育行動に関わる種もいます。鳥類ではクジャクの雄は子育てに全く関わりませんが、ヒレアシシギやレンカクは父親が卵を温め、雛を育てます。コウテイペンギンは父親が零下60度の猛吹雪の中、4ヶ月間何も食べずに抱卵し続けます。タツノオトシゴでは雌が雄の体内に卵を産みつけ、雄が出産します。昆虫のタガメなどでは養育行動は父親のみに見られます。なお、父母以外の個体が幼体を養育する**共同保育 alloparenting**もさまざまな哺乳類や鳥類[35]、魚類[36]などで確認されています。

　ローレンツ（→ p.15）は、動物の幼体は、（1）身体に比べ大きい頭、（2）高く前に張り出した額（ひたい）、（3）頭部中央より下に位置する大きな眼、（3）短く太い四肢、（4）丸みのある体型、（5）やわらかい体表面、（6）丸い頬、という**幼児図式 baby schema**を持ち、こうした特徴が成体の養育行動の解発子（鍵刺激、→ p.63）となるとしました[37]。ヒトについては、幼児図式を持つヒトや動物の画像が「かわいい」という感情を生み、養育行動を喚起しやすいという研究は数多くあります[38]。ヒト以外では、ニホンザルやキャンベルモンキー（東アフリカにすむオナガザルの一種）が、ニホンザルの成体写真よりも幼体写真を好んで見るといった報告はあるものの、幼児図式と養育行動の関連は不明です[39][40]。幼児図式は捕食動物にとっては、むしろ襲いかかる信号になるでしょう。

子ザルの母親への愛着

　子が親に対して示す愛着は、親がただ近くにいるとか、給餌してくれるといったことだけでなく、触れ合いの際の感覚にも依存します。ハーロー（→ p. 95）は生後間もない子ザルをケージで1匹ずつ飼育しました。各ケージには2体の針金製の人形が**代理母 surrogate mother** として置かれていて、うち1体は胴部が柔らかい布で覆われていました。半年間にわたって観察したところ、子ザルは1日の大半の時間を布で覆われた代理母の側で過ごしていました。この結果からハーローは、布の柔らかい肌感覚がもたらす安らぎが母親への愛情を生むのであって、空腹や飢えの解消が愛情形成の原因ではないと結論しました。[41] また、子ザルが代理母から離れているときに新奇な動くおもちゃ（例：太鼓をたたくクマのぬいぐるみ）で驚かすと、布の代理母に駆け寄ってしがみつくという結果から、母親が心理的な作業基地となっていると論じています。

オキシトシン

　オキシトシンは仔の行動にも影響します。例えば、仔ラットにオキシトシンを投与すると、母親と引き離された際に救難音声をあまり発しません。[42] 母子分離時の不安が低減されるためでしょう。また、仔ラットの脳内のオキシトシンは母親との接触が多いと増加します。[43] オキシトシンは母子間の行動だけでなく、性行動にもかかわります。例えば、オキシトシンの働きを阻害した雌マウスは発情期にあまり雄を受け入れません。[44] 尿中オキシトシン濃度が高い野生の雌個体は雄と過ごす時間が長かったようです。[45] オキシトシンは性行動以外にも関与します。[46] 例えば、チンパンジーの毛づくろい後に採取した尿中のオキシトシン濃度は、毛づくろいした相手が親しいときに高く、他個体に餌を分配した後にオキシトシンは多かったそうです。[47] オキシトシンを投与したイヌは他犬や飼い主に対して親和的にふるまいます。[48] イヌと飼い主が見つめ合うと互いにオキシトシンが増えるようです。[49][50]

5．行動の諸側面における発達

（1）運動能力の発達

　体の成長にともない運動能力も発達しますが、発達の速さには種差があります。例えば、ラットは誕生後すぐであっても、仰向けに寝かされるとうつぶせになることができます。生後11〜13日目には金網を登り、18〜19日目には支えなしで立ち上がることができます。いっぽう、ヒトの赤ん坊は、寝返りがうてるようになるまでに3〜6ヶ月を要しますし、立ち上がって歩行できるのは1歳前後です。このようにヒトは運動機能が未熟な状態で生まれてくるため、動物学者ポルトマン（Portmann）は生理的早産 physiological prematurity と呼びました。[51]

（2）学習能力の発達

　成長にともない学習能力も変化します。例えば、図10-3は、孵化後2.5〜5.5ヶ月のイシダイの稚魚に、連続逆転学習（→ p.95）を訓練した結果ですが、体長7 cm 前後の若い個体の成績が最もよいことが示されています。

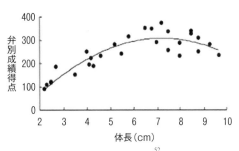

図10-3　イシダイの学習能力の発達[52]
右が赤色、左が黄色に光る同時弁別装置を用いて実施した連続逆転学習の結果です。点1つが1匹を示します。

（3）認知能力の発達

　ヒトの認知能力の発達については、心理学者ピアジェ（J. Piaget）が提唱した4つの発達段階[53]（感覚運動期0〜2歳、前操作期2〜7歳、具体的操作期7〜11歳、形式的操作期11歳〜）に基づいてしばしば論じられます。動物の認知発達もピアジェ理論に基づいて明らかにしようとする試みがありますが、ヒト[54]以外の動物に必ずしも当てはまるわけではありません。例えば、玩具を不透明な容器に隠すところを見せてから、その容器を他の容器と一緒に並べて、正しい容器（玩具の入った容器）を選ばせる不可視移動課題は、ヒトでは感

覚運動期の終わり頃（1.5〜2歳）に解決できるようになります。9月齢の幼
犬は不可視移動課題を解決できませんでしたが、2〜3歳の成犬は解決しま
した[55]。いっぽう、2本の紐が交差した紐引き課題（→ p. 138）は、ヒトだと
感覚運動期の中頃（8ヶ月〜1歳）になると解決できますが、イヌは成体で
も正しい紐を選べませんでした[56]。つまり、不可視移動課題と紐引き課題で、
イヌの発達段階に関する判定が違ってしまっています。ただし、不可視移動
課題を成犬が解決できるという報告は実験手続き上の不備によるもので、解
決は単純な連合学習に過ぎないと指摘する研究[57]もあります。この見解が正し
ければ、イヌの認知発達段階は感覚運動期の初期（8ヶ月未満）にとどまる
ことになります。

（4）社会性の発達

　他個体と関わって生きる動物では、成長期に社会性を身に着けることも重
要です。例えば、表10-2は、13年間にわたる470頭のイヌの観察記録から明
らかになった社会性の発達段階を示したものです。この研究では、子犬を親
や同胞から離して家庭でペットとするのに最適な時期は8〜12週だとされて
います。これより早いと、子犬は他犬と正常な社会的関係を築く機会を持て
ず、他犬との正常な社会的関係（配偶行動や育児も含む）が難しくなります。
こうした研究に基づいて、欧州や米国では8週齢以下のイヌの譲渡販売を禁
止しています。日本でも2012年に動物愛護法が改正され、2021年6月1日か
ら8週齢規制が実施されています。

表10-2　犬の発達段階[58]

新生仔期（生後0〜13日）
平衡感覚・痛覚・温度感覚以外は未発達で、はって移動する。
移行期（生後14〜20日）
開眼し、よちよち歩きや自発的な排泄が可能になる。
社会化期（生後3週〜12・13週）
聴覚機能を獲得し、歯が萌出し、徐々に流動食へ移行して離乳する。子犬どうしでの 攻撃的な遊びが始まり、同胞間の優劣関係が徐々に形作られる。
若年期（12・13週〜6ヶ月）
住処（すみか）から離れて探索行動を開始する。この時期は性成熟とともに終わる。

6．性格

（1）個体差と性格

　同じ種の動物でも行動に個体差があります。一例をあげましょう。図10-4は数十匹の雄ラットを個別にテストした結果をグラフ化したものです。小さい黒正方形１つが１匹分のデータで、横軸は第１テスト（飼育ケージに侵入した他雄へどれだけ早く攻撃するかを測定）、縦軸は第２テスト（電気棒を木屑で覆い隠す行動の従事時間を測定）の結果です。いずれのテストでも成績に個体差があります。興味深いのは、他雄を直ちに攻撃する個体は覆い隠し行動を長時間しがちであることです。この研究の著者らは、２つのテスト結果は同一の内的過程（具体的には、ストレス対処スタイル）を反映していると結論しました。

　このように状況間で一貫して見られる安定した行動傾向を心理学ではパーソナリティ **personality** として研究します。[59]「人」を意味する person の入った語を動物に用いるのは擬人化ですが、個体差を生む内的要因を探る際には便利な概念として使われています。古くは1922年に鳥類の個体識別の論文で、[60]また1939年には**ヤーキズ**（→ p. 14）によるチンパンジーの生活史に関する論文で、[61]この言葉が用いられており、今日では無脊椎動物の行動の個体差を論じる際にも使われています。[62]本書では文字数の関係で、これ以降はこの言葉に「性格」という訳語をあてることにします。[63]なお、行動傾向の生物的基礎に重きを置く場合は**気質 temperament** という言葉が使われます。

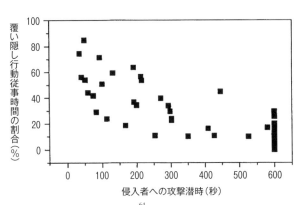

図10-4　ラットの行動の個体差[64]

（2）性格構造

ヒトの性格研究では、複数の状況間で共通する行動傾向を計算して**特性因子 trait factor** を抽出します。例えば、「殴られたら殴り返す」「ちょっとしたことで腹が立つ」「邪魔をする人には文句をいう」といった質問項目への回答は高い相関を示すため、こうした項目に共通する特性を「攻撃性」と名づければ、項目の合計点を攻撃性得点として数量化できます。動物は質問紙に回答できませんが、複数の状況下で行動テストを行えば、それらの成績の相関から共通特性を求めることができます。

こうした考えに立って行われた有名な研究が「タコの性格」と題する論文です[65]。この研究では、44匹のマダコを異なる状況で観察し、さまざまな行動（隠れ場所から出てくる、物体への接触、スミを吐くなど）を記録しています。そうした行動からマダコの性格構造は「活動性」「反応性」「回避性」の3因子で捉えることができるとされました。

社会心理学者ゴスリング（S.D. Gosling）は、同様の方法でブチハイエナ[66]やイヌ[67]を対象とした性格研究を発表し、さらに過去に行われていた関連研究を数多く掘り起こして展望しました[68]。動物の性格研究では、各動物種の性格構造の解明と、ヒトの性格の進化的起源の探究が目的とされます。研究対象となる動物は主として家畜や実験動物、展示動物などの飼育された動物で、特に霊長類を対象としたものが多いといえます[69]。

飼い主などから得た質問紙調査の回答で性格構造を調べる手法もありますが、抽出される因子数やその種類は研究者間でしばしば一致しません。例えば、ゴスリングは、ヒトで見られる5つの性格特性因子のうち「誠実性」を除く、「調和性」「情緒不安定性」「外向性」「開放性」の4つがイヌに見られるとしていますが、同様の質問紙調査で5因子の特性構造を得た研究もあります[70]。また、ゴスリングは動物種により因子数が異なるとしていますが、多くの動物は「大胆さ」「詮索」「活動性」「社交性」「攻撃性」の5因子構造だ[71]とか、さらに多くの次元を想定すべきだという研究者もいます[72]。なお、ヒト[73]は自分の性格を自己認識できます。この点が他の動物と大きく異なるところです[74]。

（3）行動シンドローム

　行動生態学（→ p. 15）では、相関する複数の行動のまとまりを**行動シンド
ロ ーム behavior syndrome** と呼びます[75]。この概念は心理学における性格特性
と同じですが、行動シンドローム研究では、主として野生動物を対象に、動

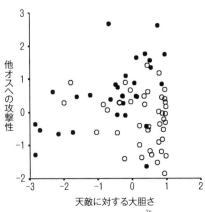

図10-5　トゲウオの行動の個体差[76]
ナバロ川の個体（●）では 2 種類の行動が相関し、
ブタ川の個体（○）では相関しません。

物種（あるいは個体群）の進化と適
応の点から個体差を理解しようと試
みます。例えば、トゲウオの雄で
は、天敵を気にしない個体は、縄張
りに近づいた他雄を撃退しやすい傾
向にあります。しかし、天敵があま
りいない川の個体ではそうでありま
せん（図10-5）。このように、行動
シンドローム研究では、採食・繁
殖・防衛・養育・闘争などの諸状況
（文脈）の間で行動の相関を調べ、
その適応的意味を探ります[77]。

（4）個体差と遺伝

　動物の性格研究は心理学や行動生態学だけでなく、生理学・遺伝学などの
分野から注目されている分野です[78]。ヒトを含む動物の行動に関する遺伝的研
究を**行動遺伝学 behavior genetics** といい、性格もその研究対象です。ヒト以
外の動物では、選択交配によって遺伝の影響を探究できます。なお、家畜の
系統作出においても肉質や乳量など身体的側面だけでなく、人なれしやすく
おとなしい、飼育ストレスに強いといった行動的特徴にも配慮して選択交配
による育種が行われています。

　近年では、分子生物学の発展により、交配以外の方法でも遺伝の影響を調
べることが可能になりました。犬種による性格の違いは以前からよく知られ
ていましたが[79]、遺伝情報を分析して犬種間の差や犬種内での個体差を調べ、
作業犬や伴侶犬としての適性判断につなげる試みがなされています[80]。

　動物行動の個体差に関する遺伝的研究法の１つとして、行動成績に基づく選択交配があります。例えば、**トライオン**（R. C. Tryon）は次のような実験を行っています。まず、親世代ラットを迷路学習の成績に基づいて分け、成績の優れた雌雄、あるいは劣った雌雄を交配して、優秀系と劣等系の第１世代を得ました。さらに、第１世代優秀系のうち迷路成績の優れた雌雄を交配して第２世代優秀系、第１世代劣等系のうち迷路成績の劣った雌雄を交配して第２世代劣等系を得ました。これを繰り返して、優秀系と劣等系の迷路成績は第７世代でほぼ完全に分離しました（図10-6）。

　この研究以後、さまざまな行動課題を用いてラットの選択交配が行われるようになりました。例えば、回避学習（→ p. 87）[81]や味覚嫌悪学習（→ p. 84）[82]について、優れた系統とそうでない系統が作出されています。また、情動性での系統作出もされていて、新奇な開放空間（オープンフィールド装置）に置かれた際の排便数（不安が高いと排便が多い）をもとにイギリスで作出されたモーズレイラットが有名です[83]。日本では Tsukuba 情動系ラットが作出されています。ラットは明所を避ける生得的傾向があることを利用し、明所で活動性の低いものを高情動系、明所でも活動性の高いものを低情動系として選択交配したのです。高情動系は低情動系に比べて実験装置内での排便数が多く、視覚弁別学習の成績が良いなどの特徴があります[84]。

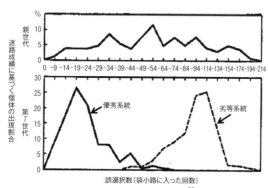

図10-6　迷路成績に基づく選択交配の結果[85]

◆さらに知りたい人のために

○稲垣栄洋『生き物が大人になるまで―「成長」をめぐる生物学』大和書房　2020

○稲垣栄洋『生き物の死にざま』草思社文庫　2021

○大島靖美『400年生きるサメ、4万年生きる植物―生物の寿命はどのように決まるのか』化学同人　2020

○オースタッド『「老いない」動物がヒトの未来を決める』原書房　2022

○板倉昭二（編）『比べてわかる心の発達―比較認知発達科学の視点』有斐閣　2023

○スラッキン『刻印づけと初期学習―接近・追従と愛着の成長』川島書店　1977

○ホフマン『刻印づけと嗜癖症のアヒルの子―社会的愛着の原因をもとめて』二瓶社　2007

○関口茂久『ラットとマウスを用いた行動発達研究法』誠信書房　1978

○ブラム『愛を科学で測った男―異端の心理学者ハリー・ハーロウとサル実験の真実』白揚社　2015

○南徹弘『サルの行動発達』東京大学出版会　1994

○友永雅己ほか（編）『チンパンジーの認知と行動の発達』京都大学学術出版会　2003

○竹下秀子『赤ちゃんの手とまなざし―ことばを生みだす進化の道すじ』岩波科学ライブラリー　2001

○中村徳子『赤ちゃんがヒトになるとき―ヒトとチンパンジーの比較発達心理学』昭和堂　2004

○齋藤慈子・平石界・久世濃子（編）『正解は一つじゃない―子育てする動物たち―』東京大学出版会　2019

○オールポート『動物たちの子育て』青土社　1997

○小原嘉明『イヴの乳―動物行動学から見た子育ての進化と変遷』東京書籍　2005

○中道正之『ゴリラの子育て日記―サンディエゴ野生動物公園のやさしい仲間たち』昭和堂　2007

○中道正之『サルの子育て ヒトの子育て』角川新書　2017

○岡野美年子『新版もう一人のわからんちん―心理学者わが子とチンパンジーを育てる』ブレーン出版　1979

○松沢哲郎『アイとアユム―チンパンジーの子育てと母子関係』講談社文庫　2005

○松沢哲郎『おかあさんになったアイ―チンパンジーの親子と文化―』講談社学術文庫　2006

○斎藤徹（編）『母性をめぐる生物学―ネズミから学ぶ』アドスリー　2012

○保前文高・大隅典子（編）『個性学入門―個性創発の科学』朝倉書店　2021

○小出剛・山元大輔（編）『行動遺伝学入門―動物とヒトの"こころ"の科学』裳華房　2011

引用文献

　紙幅の都合上、書誌情報を得るために必要最小限の事項のみ記しています。具体的には、論文の場合は著者名と発表年です。この2つがあれば、Google Scholar で検索すれば、ほとんどの場合、書誌情報が得られるからです（和文論文なら CiNii Articles も役立ちます）。ただし、検索しても発見困難な論文については、記載事項を追加して書誌情報を発見しやすくしました。図書については著者名・発表年・書名がわかれば、Google などの検索エンジンで書誌情報が得られますから、副題や出版社名は略しました。和訳のあるものは「原著の出版年／和訳年」の形で示し、和訳書名のみ記しています。3名以上の共著は第1著者のみ名前を記し、それ以降の著者は et al.（和文文献では「ほか」）とまとめましたが、書誌情報が検索困難な場合は、全員の名を記したり、一部省略（…）にとどめました。なお、以下の文献の多くは『動物心理学—心の射影と発見』でも言及していますので、同書の引用文献リストを参照すればより確実に書誌情報を見つけることができます。

はじめに

1．J Birch, AK Schnell & NS Clayton, 2020
2．DC Dennett, 1983

第1章

1．HR Schoolcraft, 1851, *Historical and statistical information respecting the history, condition, and prospects of the Indian tribes of the United States*（Vol. 1）
2．https://nc.iucnredlist.org/redlist/content/attachment_files/2022-2_RL_Stats_Table_1a.pdf
3．MR Papini, 2002
4．C Bonnet, 1781, *Contemplation de la nature*（Vol. 4）
5．K Krstic, 1964
6．G Greenberg, 2012, In NM Seele（Ed.）. *Encyclopedia of the sciences of learning*
7．P Simons, 1992/1996, 動く植物
8．高林純示, 1995,〈植物のコミュニケーション〉研究史, 言語, *24*(8), 78-83
9．S Amador-Vargas, … & GL Vides, 2014
10．HL Armus, 1970, In MR Denny & SC Ratner（Eds.）, *Comparative psychology*
11．CI Abramson & AM Chicas-Mosier, 2016
12．M Gagliano et al., 2016
13．G Canguilhem, 1977/1988, 反射概念の形成
14．H Imada & S Imada, 1983, *Kwansei Gakuin Univ. Ann. Stud., 32*, 167-184
15．EL Thorndike, 1898, *Psychol. Rev. Monogr. Suppl., 2*(4)
16．O Pfungst, 1907/2007, ウマはなぜ「計算」できたのか
17．K Krall, 1912. *Denkende Tiere*
18．JB Watson, 1913
19．JB Watson, 1916
20．W O'Donohue & KE Ferguson, 2001, *The psychology of B. F. Skinner*
21．FA Beach, 1950
22．渡辺茂・樋口義治・林部英雄・望月昭, 1974
23．RM Yerkes, 1916, *Behav. Monogr., 3*（1）
24．RM Yerkes, 1916, *Science, 43*, 231-234
25．K Breland & M Breland, 1961
26．J Garcia & RA Koelling, 1966
27．RC Bolles, 1970
28．K Pryor, 1999/2002, 犬のクリッカー・トレーニング
29．K Ramirez（Ed.）, 1998, *Animal training*
30．Department of Defense, 2012, *U.S. military working dog training handbook.*
31．R Gerritsen, R Haak & S Prins, 2013, *K9 behavior basics*（2nd ed.）
32．A Poling et al., 2011
33．A Poling et al., 2015
34．U Neisser, 1967/1981, 認知心理学
35．DR Griffin, 1978

36. EA Wasserman, 1981
37. EA Wasserman, 1993
38. WA Wasserman & TR Zentall, 2006, In EA Wasserman & TR Zentall（Eds.）, *Comparative cognition*
39. 依田憲, 2018
40. WMS Russell & RL Burch, 1959/2012, 人道的な実験技術の原理
41. FAWC, 1992, *Veterinary Record, 17,* 357

第 2 章
1. DC Dennet, 1996/1997, 心はどこにあるのか
2. J von Uexküll, 1934/2005, 生物から見た世界
3. WC Stebbins（Ed.）, 1970, *Animal psychophysics*
4. DS Blough, 1958
5. 実森正子, 1978
6. A Parker, 2003/2006, 眼の誕生
7. 岩堀修明, 2011, 図解・感覚器の進化
8. K Kirschfeld, 1976, In F Zetter & RF Weiler（Eds.）, *Neural principles of vision*
9. 蟻川謙太郎, 1998
10. 川村軍司, 2010, 魚との知恵比べ（3訂版）
11. M Geva-Sagiv, L Las, Y Yovel & N Ulanovsky, 2015
12. 文献10に同じ
13. 中島定彦, 2019, 動物心理学
14. 蟻川謙太郎, 2004, 山口ほか（編）, もうひとつの脳
15. 蟻川謙太郎, 2009
16. 鈴木光太郎, 1995, 動物は世界をどう見るか
17. 七田芳則, 2001, 日本動物学会関東支部（編）, 生き物はどのように世界を見ているか
18. TH Goldsmith, 2006/2006, 日経サイエンス, *36*（*10*）, 44–52
19. 川村軍司, 2011, 魚の行動習性を利用する釣り入門
20. 文献13に同じ
21. D Osorio & M Vorobyev, 1996
22. C Hiramatsu et al., 2017
23. AD Melin, LM Fedigan, ... & S Kawamura, 2007
24. K von Frisch, 1927, *Aus dem Leben der Bienen*
25. 小原嘉明, 2003, モンシロチョウ
26. LJ Fleishman, ER Loew & M Leal, 1993
27. AT Bennett, IC Cuthill, JC Partridge & EJ Maier, 1996
28. GH Jacobs, 1992, *Ultraviolet vision in vertebrates*
29. 吉澤透・小島大輔・大石高生, 2002, 石原ほか（編）, 生物学データ大百科事典［上］
30. S Duke-Elder, 1958, *System of ophthalmology, Vol.1*
31. 村山司, 1996, 添田秀男（編）, イルカ類の感覚と行動
32. 後藤和宏, 2009
33. M Tomonaga, 1998
34. T Bando, 1993
35. S Zylinski et al., 2012
36. N Tinbergen, 1960
37. 河原純一郎・横澤一彦, 2015, 注意
38. N Kawai, K Kubo, N Masataka & S Hayakawa, 2016
39. AT Pietrewicz & AC Kamil, 1979
40. H Autrum, 1958
41. P Ruck, 1961
42. K Healy et al., 2013
43. 上野雄宏・林部敬吉, 1994, 大山ほか（編）, 新編感覚・知覚ハンドブック
44. RD Walk & EJ Gibson, 1961
45. 文献43に同じ
46. 藤田和生, 2005, 後藤ほか（編）, 錯視の科学ハンドブック
47. SE Byosiere et al., 2017
48. SR Howard et al., 2017
49. M Agrochao et al., 2020
50. N Nakamura, K Fujita, T Ushitani & H

Miyata, 2006

51. N Nakamura, S Watanabe & K Fujita, 2008
52. N Nakamura, S Watanabe & K Fujita, 2014

第3章
1. J von Uexküll, 1934/2005, 生物から見た世界
2. AP Jarman, 2002
3. 岩堀修明, 2011, 図解・感覚器の進化
4. HE Heffner & RS Heffner, 2007
5. HE Heffner & RS Heffner, 1998, In G Greenberg & MM Haraway (Eds.), *Comparative psychology*
6. 小西正一, 1993
7. 中島定彦, 2019, 動物心理学
8. M Perrone, Jr., 1981
9. EI Knudsen, 1981/1982, 日経サイエンス, *12*(2), 58-69
10. 菅原美子, 1996.
11. WW Au & KJ Snyder, 1980
12. JA Thomas & CW Turl, 1990
13. Au, WW et al., 1985
14. F Nakahara, A Takemura, T Koido & H Hiruda, 1997
15. SA Kick, 1982.
16. CF Moss & HU Schnitzler, 1989
17. N Suga, H Niwa & I Taniguchi, 1983
18. 力丸裕・菅乃武男, 1990.
19. T Nagel, 1979/1989, コウモリであるとはどのようなことか
20. 文献3に同じ
21. 新村芳人, 2018, 嗅覚はどう進化してきたか
22. DG Moulton, EH Ashton & JT Eayrs, 1960
23. SC Güven & M Laska, 2012
24. 文献21に同じ
25. 外崎肇一, 1989, 高木貞敬・渋谷達明(編), 匂いの科学
26. C Thorne, 1995, In J. Serpell, J (Ed.), *The*

domestic dog

27. W Neuhaus, 1953, *Z. Vergl. Physiol.*, *35*, 527-552
28. 貝瀬宏, 1969
29. DA Marshall & DG Moulton, 1981
30. DB Walker, JC Walker, ... & JC Suarez, 2006
31. 高木貞敬, 1974, 嗅覚の話
32. WW Henton, 1969
33. AJ Stattelman et al., 1975
34. 横須賀誠, 2011
35. 上田一夫, 1989, 高木貞敬・渋谷達明(編), 匂いの科学
36. 上田一夫, 2016, サケの記憶
37. WJ Wisby & AD Hasler, 1954
38. AT Scholz et al., 1976
39. H Berkhoudt, 1977, *Neth. J. Zool.*, *27*, 310-331
40. D Ganchrow & JR Ganchrow, 1985
41. MR Stornelli, L Lossi & E Giannessi, 1999
42. 刘利・杉田昭栄, 2013
43. 中島定彦, 2019, 動物心理学
44. GK Beauchamp et al., 1977
45. P Jiang, K Josue, ... & GK Beauchamp, 2012
46. B Elliot, B, 1937, *J. Comp. Neurol. 66*, 361-373
47. PP Robinson & PA Winkles, 1990
48. JA Carpenter, 1956
49. PC Rofe & RS Anderson, 1970
50. W Lei, A Ravoninjohary, ... & P Jiang, 2015
51. X Li, ... & JG Brand, 2006
52. JM Camhi, 1980/1981, 日経サイエンス, *12*(2), 82-93
53. JP Lacour et al., 1991
54. GA Ramírez, ... & A Espinosa-de-los-Monteros, 2016
55. DJ Krupa, MS Matell, ... & MA Nicolelis, 2001
56. 柴内俊次, 1988, 口腔病學會雜誌, *55*,

507.

57. KC Catania, 2005
58. KC Catania, 2002/2002, 日経サイエン
    ス, 32(10), 52-58.
59. R Heffner & H Heffner, 1980
60. JH Poole, K Payne, WR Langbauer Jr. &
    CJ Moss, 1988
61. CE O'Connell-Rodwell, BT Arnason &
    LA Hart, 2000
62. CE O'Connell-Rodwell, 2007
63. DM Bouley, ... & CE Connell-Rodwell,
    2007
64. LU Sneddon, 2003
65. LU Sneddon, VA Braithwaite & MJ
    Gentle, 2003
66. S Barr, PR Laming, JT Dick & RW
    Elwood, 2008
67. RW Elwood, 2021
68. J Alumets, R Håkanson, F Sundler & J
    Thorell, 1979
69. P Karlson & M Lüscher 1959
70. R Mell, 1922, *Biologie und Systematik der
    chinesichen Sphingiden.*
71. 高橋正三・福井昌夫・若村定男, 2002,
    石原ほか（編）, 生物学データ大百科事
    典［下］

第4章
1. 中島定彦, 2013, 藤永保（監修）, 最新
   心理学事典
2. W James, 1890, *The principles of
   psychology* (2 vols.).
3. IP Pavlov, 1927/1975, 大脳半球の働き
   について
4. ZY Kuo, 1930
5. P Leyhausen, 1956/1998, ネコの行動学
6. DS Lehrman, 1953
7. W Craig, 1917
8. K Danziger,1997/2005, 心を名づけるこ
   と
9. CJ Warden, 1931, *Animal motivation*
10. 文献8に同じ

11. AJ Calder, AD Lawrence & AW Young,
    2001
12. J Panksepp, 2011.
13. DJ Anderson & R Adolphs, 2014
14. E Briese, 1995
15. M Cabanac, 1999
16. M Cabanac, AJ Cabanac & A Parent, 2009
17. S Rey, ... & Mackenzie, S, 2015
18. M Cabanac & S Aizawa, 2000
19. M Andersson, 1982
20. G Kramer, 1950, *Naturwissenschaften,37*,
    377-378
21. T Guilford & GK Taylor, 2014
22. M Dacke, ... & EJ Warrant, 2013
23. DA Kuterbach, ... & RB Frankel, 1982
24. JL Kirschvink, 1982
25. Y Harada, 2002
26. MM Walker, ... & Dizon, AE, 1984
27. Budzynski, CA, Dyer, FC & Bingman, VP,
    2000
28. A Ugolini, ... & Castellini, C, 1999
29. St Emlen & JT Emlen, 1966
30. 長谷川克, 2020, ツバメのひみつ
31. RE Gill et al., 2009
32. AR Wallace, 1874
33. 新井裕, 2007, 赤とんぼの謎
34. 上田一夫, 2002, 石原ほか（編）, 生物
    学データ大百科事典［下］
35. E Pennisi, 2021
36. H Zepelin, 1989, In MH Kryger, T Roth &
    WC Dement（Eds.）, *Principles and
    practices of sleep medicine*
37. JM Siegel, 2008
38. NC Rattenborg, et al., 2016
39. AP Vorster & J Born, 2015
40. H Zepelin, 1994, In MH Kryger, T Roth &
    WC Dement（Eds.）, *Principles and
    practices of sleep medicine*（2nd ed.）
41. 文献36に同じ
42. K Louie & MA Wilson, 2001
43. S LaBerge et al.,1986
44. F Siclari et al., 2017

45. M Solms, 2000
46. 海老原史樹文・後藤麻木, 2002, 石原 ほか（編）, 生物学データ大百科事典 ［下］
47. J Hanken & PW Sherman, 1981
48. B Hölldobler & EO Wilson, 2010/2012, ハキリアリ
49. EO Wilson, 2020/2022. アント・ワール ド
50. CR Darwin, 1873, *Nature, 7,* 417−418
51. M Müller & R Wehner, 1988
52. M Wittlinger et al., 2006
53. WJ Crozier & G Pincus, 1926
54. BA Motz & JR Alberts, 2005
55. DL Gunn, 1937
56. JS Kennedy, 1937
57. GS Fraenkel & DL Gunn, 1940, *The orientation of animals*
58. SE Glickman & RW Sroges, 1966
59. DE Berlyne, 1966
60. GB Kish, 1955
61. GM Sterritt, 1966
62. RD Paulos, ... & A Stan, 2010
63. M Bekoff & JA Byers（Eds.）1998, *Animal play*
64. GM Burghardt, 2005, *The genesis of animal play*
65. R Coppinger & M Feinstein, 2015/2016, イヌに「こころ」はあるのか
66. E Volchan et al., 2011
67. 宮竹貴久, 2022,「死んだふり」で生き のびる
68. RB Jones, 1986
69. T Miyatake, ... & M Mizumoto, 2004

第5章
1. HF Harlow, 1949
2. A Cook, 1971, *Animal Behaviour, 19,* 463−474.
3. RF Thompson & WA Spencer, 1966
4. PM Groves & RF Thompson, 1970
5. CH Rankin et al., 2009
6. RD Hawkins & ER Kandel, 1984
7. YN Sokolov, 1963/1965, 知覚と条件反射
8. DL Cheney & RM Seyfarth, 1988
9. RK Clifton & MN Nelson, 1976, In TJ Tighe & RN Leaton（Eds.）, *Habituation*
10. IP Pavlov, 1927/1975, 大脳半球の働き について
11. G Finch & E Culler, 1934
12. RA Rescorla, 1972
13. RA Rescorla & AR Wagner, 1972, In AH Black & WF Prokasy（Eds.）, *Classical conditioning II*
14. 中島定彦, 2014
15. RA Rescorla, 1967
16. BF Skinner, 1950
17. RM Colwill, 1994
18. SJ Shettleworth, 1975
19. RM Colwill & RA Rescorla, 1990
20. 中島定彦, 1995
21. JM Rosas & G Alonso, 1996
22. S Roberts, 1981
23. RM Church & MZ Deluty 1977
24. EC Tolman, 1948
25. J O'Keefe & J Dostrovsky, 1971
26. J O'Keefe & L Nadel, 1978, *The hippocampus as a cognitive map*
27. DS Olton & RJ Samuelson, 1976
28. RGM Morris, 1981
29. S Suzuki, G Augerinos, AH Black, 1980
30. S Ginsburg & E Jablonka, 2009
31. JV Haralson et al., 1975
32. K Cheng, 2021, *Learn, Behav., 49,* 175−189
33. G Botton-Amiot et al., 2023
34. 中島定彦, 2023
35. CJ Perry, AB Barron & K Cheng, 2013
36. S Ginsburg & E Jablonka, 2010
37. T Nakagaki, H Yamada & Á Tóth, 2000
38. WF Angermeier, 1984 *The evolution of operant learning and memory*
39. ME Bitterman, 1960
40. EM Macphail, 1985, In L Weiskrantz

（Ed.）, *Animal intelligence*

41. JM Pearce, 1987, *An introduction to animal cognition*
42. RJ Schusterman,1964
43. HF Harlow, 1949
44. M Levine, 1959
45. JM Warren, 1965, In AM. Schrier, HF Harlow & F Stollnitz（Eds.）, *Behavior of nonhuman primates, Vol. 1*
46. AC Kamil & MW Hunter, 1970
47. MW Hunter & AC Kamil, 1971
48. SD Slotnick et al., 2000
49. LJ Kamin, 1968, In MR Jones（Ed.）, *Miami symposium on the prediction of behavior*
50. C Bonardi et al., 2010
51. HG Merchant & JW Moore, 1973
52. I Martin & AB Levey, 1991
53. A Tomie, 1976
54. WA Tennant & ME Bitterman, 1975
55. BH Smith, 1977, Behav. Neurosci., 111, 57 −69
56. M Mizunami, K Terao & B Alvarez, 2018
57. F Acebes, … & I Loy, 2009
58. C Sahley et al., 1981
59. J Prados, … & C Davidson, 2013
60. DM Merrit, … & D van der Kooy, 2019
61. PC Holland, 1999, *Q. J. Exp. Psychol., 52B*, 307−333
62. NJ Mackintosh, 1973
63. M Nakajima, … & I Imada, 1999
64. MEP Seligman & SF Maier, 1967
65. MEP Seligman et al., 1971
66. MEP Seligman, 1975, *Helplessness*
67. GE Brown & K Stroup, 1988
68. CS Dinges, … & CI Abramson, 2017
69. GE Brown, … & CL Robertson, 1996
70. GE Brown, E Davis & A Johnson, 1994
71. EM Eisenstein & AD Carlson, 1997
72. JL Williams & SF Maier, 1977
73. GE Brown, AR Howe & TE Jones, 1990

第 6 章

1. H Ebbinghaus, 1885/1978 記憶について
2. RC Atkinson & RM Shiffrin, 1968
3. KH Pribram et al., 1960/1980, プランと行動の構造
4. W Honig, 1978, In S. Hulse et al.（Eds.）, *Cognitive processes in animal behavior*
5. TR Zentall, 1997
6. 川合隆嗣, 2011
7. RN Hughes, 2008
8. JW Whitlow, 1975
9. IP Pavlov, 1927/1975, 大脳半球の働きについて
10. PS Kaplan & E Hearst, 1982
11. RA Rescorla, 1982, *J. Exp. Psychol.: Anim. Behav. Proc., 8*, 131−141
12. A Dickinson, A Watt & WJH Griffth, 1992
13. K Pryor, 1984/1998, うまくやるための強化の原理
14. K Pryor, 1999/2002, 犬のクリッカー・トレーニング
15. RE Bailey & JA Gillaspy, Jr., 2005
16. LC Feng, TJ Howell & PC Bennett, 2016
17. GV Thomas et al., 1983
18. WS Hunter, 1913, *Behav. Monogr. 2(1)*
19. B Yagi, S. Shinohara & A Shinoda,1970
20. RC Miles, 1957, *J. Comp. Physiol. Psychol., 50*, 352−355
21. H Gleitman, … & RA Rescorla, 1963
22. DS Blough, 1959
23. TR Zentall et al., 1978
24. BB Murdock, 1967
25. DS Grant, 1976
26. LE Jarrard & SL Moise, 1971
27. J Konorski, 1967, *Integrative activity of the brain*
28. PJ Urcuioli & TR Zentall（1986）
29. HL Roitblat, 1980
30. RA Bjork, 1972, In AW Melton & E Martin（Eds.）, *Coding processes in human memory*
31. DF Kendrick, M Rilling & TB

Stonebraker, 1981

32. KL Roper & TR Zentall, 1993
33. KL Roper et al., 1995
34. WA Roberts, DS Mazmanian & PJ Kraemer, 1984
35. HW Tu, RR Hampton, 2014
36. DS Grant, 1982, *J. Exp. Psychol.: Anim. Behav. Proc., 8*, 154-164
37. 谷内通・坂田富希子・上野糧正, 2013
38. 清水寛之, 2009, メタ記憶
39. 三宮真智子（編）, 2008, メタ認知
40. 中尾央・後藤和宏, 2015
41. RR Hampton, 2001
42. C Suda-King, 2008
43. K Fujita, 2009, *Anim. Cogn., 12*, 575-585
44. S Yuki & K Okanoya, 2017
45. A Adams & A Santi, 2011
46. K Goto & S Watanabe, 2012
47. DF Tomback, 1980
48. SB Vander Wall, 1982
49. TJ Carew et al., 1972
50. M Matsumoto & M Mizunami, 2002
51. B F Skinner, 1950
52. JN Bruck, 2013
53. W Vaughan & SL Greene, 1984
54. J Fagot & RG Cook, 2006
55. MAJ Quadri, ... & DM Kelly, 2018
56. JL Voss, 2009, *Psychon. Bull. Rev., 16*, 1076-1081
57. 矢澤久史, 1998
58. SB Fountain, DR Henne, & SH Hulse, 1984
59. LR Squire, 1992
60. E Tulving, 1972, In E Tulving & W Donaldson（Eds.）, *Organization of memory*
61. MJ Beran, ... & DM Rumbaugh, 2000
62. E Tulving & DM Thomson, 1973
63. T Suddendorf & J Busby, 2003
64. NS Clayton & A Dickinson, 1998
65. A Zinkivskay et al., 2009
66. MC Feeney, WA Roberts & DF Sherry, 2009
67. E Kart-Teke et al., 2006
68. E Dere et al., 2005
69. AL Kouwenberg et al., 2009
70. TJ Hamilton, ... & SM Digweed, 2016
71. G Martin-Ordas et al., 2010
72. W Zhou & JD Crystal, 2009
73. PL González-Gómez et al., 2011
74. C Jozet-Alves et al., 2013
75. M Pahl et al., 2007
76. AK Schnell, ... & C Jozet-Alves, 2021
77. VL Templer & RR Hampton, 2013
78. E Tulving, 2002
79. E Mercado, III, ... & LM Herman, 1998
80. RG Cook et al., 1985
81. N Kawai & T Matsuzawa, 2000
82. S Inoue & Matsuzawa, 2009
83. S Inoue & Matsuzawa, 2007
84. P Cook & M Wilson, 2010, *Psychon. Bull. Rev., 17*, 599-600
85. AA Wright, 1998
86. AA Wright et al., 1985

第 7 章
1. WJ Smith, 1968, In TA. Sebeok（Ed.）, *Animal communication*
2. P Ekman & WV Friesen, 1978
3. P Ekman et al., 2002, *Facial Action Coding System*
4. BM Waller et al., 2020
5. SCJ Keating, ... & MC Leach, 2012
6. EB Defensor et al., 2012
7. K Finlayson, ... & L Melotti, 2016
8. A Quaranta et al., 2007
9. M Siniscalchi, ... & A Quaranta, 2013
10. B Paz & R Escobedo, 2011, *J. Vet. Behav., 6*, 94-95
11. T Rugaas, 2006/2009, カーミングシグナル
12. C Mariti et al., 2014, *J. Vet. Behav., 9*, e1-e2.
13. MW Fox, 1972/1991, イヌのこころがわ

かる本
14. RM Seyfarth, DL Cheney, & P Marler, 1980
15. J Kiriazis, & CN Slobodchikoff, 2006
16. R Oda & N Masataka, 1996
17. JWS Bradshaw & HMR Nott, 1995, In J Serpell（Ed.）, *The domestic dog*
18. M Moelk, 1944
19. 中原史生, 2012, 村山司・森阪匡通（編）, ケトスの知恵
20. DL Cheney & RM Seyfarth, 1990, *How monkeys see the world*
21. K von Frisch, 1971/1986, ミツバチの不思議（第2版）
22. K Okanoya & A Yamaguchi, 1997
23. MJ Boughey & NS Thompson, 1981
24. K Okanoya, 2017
25. TN Suzuki et al., 2016
26. WN Kellogg & LA Kellogg, 1933, *The ape and the child*
27. C Hayes, 1951/1971, 密林から来た養女
28. P Lieberman, 1968
29. RA Gardner & BT Gardner, 1969
30. RA Gardner et al.（Eds.）, 1989, *Teaching sign language to chimpanzees*
31. FG Patterson, 1978/1981, 手話と文化
32. HL Miles, 1980, *Am. J. Phys. Anthropol., 52,* 256-257
33. HS Terrace et al., 1979
34. D Premack, 1970
35. DM Rumbaugh, ... & CL Bell, 1973
36. DM Rumbaugh, ... & EC von Glasersfeld, 1973
37. ES Savage-Rumbaugh et al., 1978
38. ES Savage-Rumbaugh et al., 1986
39. J Nye, 2012, *Daily Mail*, November, 7
40. T Asano, ... & K Murofushi, 1982
41. T Matsuzawa, 2003
42. 松沢哲郎, 1991, チンパンジー・マインド
43. OH Mowrer, 1950, *Learning theory and personality dynamics*

44. D Todt, 1975, *Z. Tierpsychol, 39,* 178-188.
45. IM Pepperberg, 1981
46. IM Pepperberg, 1994, *Auk, 111,* 300-313.
47. B Carey, 2007, *New York Times,* September 10
48. JC Lilly, 1965, *Science, 147,* 300-301.
49. LM Herman et al., 1984
50. LM Herman et al., 1993
51. R Gisiner, & RJ Schusterman, 1992
52. G Rieger & DC Turner, 1999
53. DC Turner, G Rieger & L Gygax, 2003
54. 齋藤慈子・篠塚一貴, 2009
55. A Saito & K Shinozuka, 2013
56. A Saito, ... T Hasegawa, 2019
57. S Takagi, ... & H Kuroshima, 2022
58. R Descartes, 1637/1997 方法序説
59. C Hockett, 1969, In J. Greenberg（Ed.）, *Universals of language*
60. JWS Bradshaw & HMR Nott, 1995, In J. Serpell（Ed.）, *Domestic dog*
61. J Bradshaw & C Cameron-Beaumont, 2000, In D. C. Turner & P. Bateson（Eds.）, *The domestic cat*
62. R Epstein, RP Lanza & BF Skinner, 1980
63. RP Lanza, J Starr & BF Skinner, 1982
64. R Epstein & BF Skinner, 1981
65. D Lubinski & K MacCorquodale, 1984
66. D Lubinski & T Thompson, 1987
67. J Kaminski et al., 2004
68. JW Pilley & AK Reid, 2011

第 8 章
1. EL Thorndike et al., 1921
2. 中島定彦, 1992
3. B Cozzi, S Mazzariol, ... & S Huggenberger, 2016
4. J Shoshani et al., 2006
5. HJ Jerison, 1969
6. G Roth & U Dicke, 2005
7. D Sol, ... & L Lefebvre, 2008
8. D Sol, ... & L Lefebvre, 2007
9. H J Jerison 1973, *Evolution of the brain*

and intelligence

10. PH Harvey & MD Pagel, 1988, *Hum. Evol. 3*, 461-472
11. W Köhler, 1917/1962, 類人猿の知恵試験
12. EC Tolman, 1928, *Psychol. Bull., 25*, 24-53
13. LT Hobhouse (1901). *Mind in evolution*
14. EL Thorndike, 1911, *Animal intelligence*
15. C Kabadayi et al., 2018
16. MJ Wells, 1964, *J. Exp. Biol., 41*, 621-642
17. M Tarsitano, 2006
18. N Chapuis, 1987, In P. Ellen & C. Thinus-Blanc (Eds.), *Cognitive processes and spatial orientation in animal and man*, Vol. 1
19. IF Jacobs & M Osvath, 2015
20. HC Bingham, 1929, *Comp. Psychol. Monogr., 5* (3)
21. R Epstein et al., 1984
22. J Goodall, 1964
23. S Chevalier-Skolnikoff, 1989
24. HG Birch, 1945
25. R Epstein & S Medalie, 1983
26. HB Neves Filho et al., 2016
27. RW Shumaker et al., 2011, *Animal tool behavior*
28. FJ Silva, DM Page & KM Silva, 2005
29. T Matsuzawa, 1991
30. J von Uexküll, 1934/2005, 生物から見た世界
31. I Teschke, ... & S Tebbich, 2013
32. E Visalberghi & L Limongelli, 1994
33. J Locke, 1700/1972, 人間知性論
34. RJ Herrnstein & DH Loveland, 1964
35. S Watanabe, SEG Lea & WH Dittrich, 1993
36. S Watanabe, J Sakamoto & M Wakita, 1995
37. JM Pearce, 1987/1990, 動物の認知学習心理学
38. S Watanabe, 1988, *Anim. Learn. Behav., 6*, 147-152
39. S Watanabe, 2001, *Behav. Proc., 53*, 3-9
40. U Aust & L Huber, 2001
41. WW Cumming & R Berryman, 1961
42. AA Wright, 1997
43. KD Bodily, JS Katz & AA Wright, 2008
44. WK Honig, 1965, In DI Mostofsky (Ed.), *Stimulus generalization*
45. JS Katz & AA Wright, 2006
46. JF Magnotti, ... & DM Kelly, 2015
47. L Lazarowski, ... & K Bruce, 2019
48. F Russell & D Burke, 2016
49. M Chausseil, 1991
50. V Truppa et al., 2010
51. AA Wright & JS Katz, 2006
52. K Fujita, 1982, *Jpn. Psychol. Res, 24*, 124-135
53. RKR Thompson et al., 1997
54. D Kastak & RJ Schusterman, 1994
55. C Scholtyssek et al., 2013
56. E Mercado, III, ... & LM Herman, 2000
57. AA Wright, ... & DM Kelly, 2017
58. CA Edwards, JA Jagielo & TR Zentall, 1983
59. 文献49に同じ
60. 文献55に同じ
61. 文献56に同じ
62. 文献50に同じ
63. M Giurfa et al., 2001
64. CM Lombardi, 2008
65. L Benjamini, 1983, *Behav., 84*, 173-194
66. T Taniuchi, R Miyazaki & MAB Siddik, 2017
67. KM Gadzichowski et al., 2016
68. P Hille, G Dehnhardt & B Mauck, 2006
69. LE Moon & HF Harlow, 1955
70. HW Nissen & TL McCulloch, 1937
71. NM Muszynski & PA Couvillon, 2015
72. D Premack, 1983
73. D Premack, 1970
74. DJ Gillan et al., 1981
75. 文献53に同じ

76. J Vonk, 2003
77. 文献50に同じ
78. J Fagot & C Parron, 2010
79. RG Cook & EA Wasserman, 2007
80. TM Flemming et al., 2008
81. IM Pepperberg, 1987
82. AJ Premack & D Premack, 1972
83. 文献74に同じ
84. W Köhler, 1918, *Abh. Königl. Preuss. Akad. Wiss.Physikalisch-Mathematische Classe, 2*, 1−101
85. R Pasnak & SL Kurtz, 1987
86. Y Yamazaki, ... & S Waanabe, 2014
87. M Nissani et al., 2005
88. 岡野恒也, 1957, 心理学研究, *27*, 285−295
89. D von Helversen, 2004
90. J Henderson, TA Hurly & SD Healy, 2006
91. K Manabe, ... & K Okutsu, 2009
92. KA Leighty et al., 2013
93. RF Mark & A Maxwell, 1969
94. DD Wiegmann et al., 2000
95. KW Spence, 1942
96. KW Spence, 1937, *Psychol. Rev., 44*, 430−444
97. JM Warren & HC Ebel, 1967
98. HC Ebel & J Werboff, 1967
99. JJ Laverty et al., 1969
100. MD Zeiler, 1965
101. RC Gonzalez et al., 1954
102. WL Brown, JE Overall & GV Gentry, 1959
103. M Sidman & W Tailby, 1982
104. TR Zentall, 1998
105. 実森正子, 2000
106. M Swisher & PJ Urcuioli, 2018
107. M Samuleeva & A Smirnova, 2020, *Bio. Comm., 65*, 157−162
108. M Sidman et al., 1982
109. R Lipkens et al., 1988
110. MR D'Amato, ... & A Tomie, 1985
111. M Sidman, 1990, In DE. Blackman & H Lejeune（Eds.）, *Behavioral analysis in theory and practice*
112. RJ Schusterman & D Kastak, 1993
113. J Yamamoto & T Asano, 1995
114. ALF Brino et al., 2014
115. JG Bujedo et al., 2014
116. KM Lionello-DeNolf, 2021
117. 文献108に同じ
118. 文献110に同じ
119. 文献113に同じ
120. KL Lindemann-Biols & C Reichmuth, 2014
121. 村山司・鳥羽照夫, 1997
122. IM Pepperberg, 2006, *J. Comp. Psychol., 120*, 205−215
123. H Kuno et al., 1994
124. 久野弘道・岩本隆茂, 1995, 動物心理学研究, *45*, 121
125. M Sidman et al., 1989
126. BO McGonigle & M Chalmers, 1977
127. D Guez & C Audley, 2013
128. J Benard & M Giurfa, 2004
129. EL MacLean et al., 2008
130. AB Bond, CA Wei & AC Kamil, 2010
131. 田中毅・佐藤方哉, 1981, 日本心理学会第45回大会発表論文集, 239
132. S Nakajima, 1998, *Kwansei Gakuin Univ. Hum, Rev., 3*, 83−87
133. O Koehler, 1950, *Bull. Anim. Behav., 9*, 41−45
134. IM Pepperberg, 1994, *J. Comp. Psychol., 108*, 36−44
135. IM Peppererg & JD Gordon, 2005
136. 文献122に同じ
137. H Davis & R Pérusse, 1988
138. M Tomonaga, 2008
139. A Nieder & EK Miller, 2003
140. RK Thomas, D Fowlkes & JD Vickery, 1980
141. A Kilian, ... & O Güntürkün, 2003
142. N Irie, M Hiraiwa-Hasegawa & N Kutsukake, 2019

143. R Rugani et al., 2008
144. C Agrillo, L Piffer & A Bisazza, 2010,
145. SR Howard, ... & AG Dyer, 2018
146. D Biro & T Matsuzawa, 2001
147. T Matsuzawa, 1985
148. 友永雅己ら, 1993
149. K Murofushi, 1997
150. H Davis & SA Bradford, 1986
151. R Rugani et al., 2007
152. MEM Petrazzini et al., 2015
153. M Dacke & MV Srinivasan, 2008
154. R Gelman & C Gallistel, 1978, *The child's understanding of number*
155. R Pérusse & DM Rumbaugh, 1990
156. US Anderson, ... & TL Maple, 2005
157. US Anderson, ... & TL Maple, 2007
158. MS Livingstone et al., 2014
159. A Olthof et al., 1997
160. N Irie & T Hasegawa, 2012
161. MJ Beran, 2001, *J. Comp. Psychol.,115*, 181-191
162. SJ Boysen & GG Bernston, 1989
163. 文献158に同じ
164. IM Pepperberg, 2006, *J. Comp. Psychol., 120*, 1-11
165. IM Pepperberg, 2012, *Anim. Cogn., 15*, 711-717
166. MD Hauser & S Carey, 2003
167. LR Santos, N Mahajan & JL Barnes, 2005
168. C Uller et al., 2001
169. RE West & RJ Young, 2002
170. MD Hauser et al., 1998
171. S Tsutsumi, ... & K Fujita, 2011
172. GM Sulkowski & MD Hauser, 2001
173. R Rugani et al., 2009
174. MJ Beran, 2004, *J. Comp. Psychol.,118*, 25-36
175. J Call, 2000, *J. Comp. Psychol., 114*, 136-147
176. I Zaine, C Domeniconi & JC de Rose, 2016
177. TS Clement & TR Zentall, 2003
178. RC Shaw, JM Plotnik & NS Clayton, 2013
179. JK Tornick & BM Gibson, 2013
180. SA Jelbert et al., 2015
181. IM Pepperberg et al., 2013
182. M O'Hara, ... & L Huber, 2016
183. L Subias et al, 2019
184. M Felipe de Souza & A Schmidt, 2014
185. JM Plotnik, ... & NS Clayton, 2014
186. L Herman et al., 1984
187. CR Kastak & RJ Schusterman, 2002
188. A Paukner, ME Huntsberry & SJ Suomi, 2009
189. V Schmitt & J Fischer, 2009
190. NJ Beran, 2010, *Behav., Proc. , 83*, 287-291
191. J Call, 2006, *Anim. Cogn., 9*, 393-403
192. C Schloegl et al., 2009
193. C Nawroth, E von Borell & J Langbein, 2014
194. HL Marsh et al., 2015
195. A Hill, E Collier-Baker & T Suddendorf, 2011
196. J Call, 2004, *J. Comp. Psychol., 118*, 117-128
197. U Aust, ... & L Huber, 2008
198. J De Houwer, 2009
199. A Rackham, 1912, *Aesop's fable*
200. CD Bird & NJ Emery, 2009
201. R Miller, ... & NS Clayton, 2016
202. LG Cheke et al., 2011
203. L Stanton, ... & Sarah Benson-Amram, 2017
204. SA Jelbert, ... & RD Gray, 2014

第9章
1. Köhler, 1921, *Psychol. Forsch., 1*, 2-46
2. 徳永章二ら, 2002, 石原勝敏ら (編), 生物学データ大百科事典 [下]
3. 伊藤正春, 1973, 動物はなぜ集まるか
4. 伊藤正春, 2002, 石原勝敏ら (編), 生物学データ大百科事典 [下]

5 . ID Crouzin, 2009

6 . J Krause, GD Ruxton & S Krause, 2010

7 . CC Ioannou, 2017

8 . SD Fretwell & HL Lucas, Jr., 1970, *Acta Biotheor.*, *19*, 16−36

9 . HR Pulliam & T Caraco, 1984, In JR Krebs & NB Davies（Eds.）, *Behavioural ecology*

10. 文献2に同じ

11. EJ Temeles, 1994

12. T Schjelderup-Ebbe, 1922, *Z. Psychol.*, *88*, 225−252

13. 伊沢紘生 , 1982, ニホンザルの生態

14. WH Thorpe, 1956, *Learning and instinct in animals*

15. M Tomasello, 1990

16. TR Zentall, 2003

17. CM Heyes, E Jaldow & GR Dawson, 1994

18. NH Nguyen, ED Klein & TR Zentall, 2005

19. CK Akins & TR Zentall, 1998

20. FM Campbell et al., 1999

21. A Camacho-Alpízar & LM Guillette, 2023

22. R Barr, A Dowden, & H Hayne, 1996

23. R Epstein, 1984, *Behav. Proc.*, *9*, 347−354

24. C Fugazza & Á Miklósi, 2014

25. G Rizzolatti, ... & L Fogassi, 1996

26. G Rizzolatti & L Craighero, 2004

27. C Heyes, 2010, *Neurosci. Biobehav. Rev.*, *34*, 575−583

28. CM Heyes & GR Dawson, 1990

29. DF Sherry & BG Galef, 1990

30. LM Aplin, BC Sheldon & J Morand-Ferron, 2013

31. M Kawai, 1965

32. E Visalberghi & DM Fragaszy, 1990, Anim. Behav. 40, 829−836

33. RA Hinde & J Fisher, 1951, *Brit. Birds*, *44*, 393−396

34. KA Duffy & TL Chartrand, 2015, *Curr. Opin. Behav. Sci.*, *3*, 112−116

35. TL Chartrand & JA Bargh, 1999

36. M Davila Ross et al., 2011

37. M Davila Ross et al., 2008

38. G Mancini, PF Ferrari & E Palagi, 2013, *Sci. Rep.*, *3*, 1527

39. C Scopa & E Palagi, 2016

40. E Palagi et al., 2015

41. T Persson, GA Sauciuc & EA Madsen, 2018

42. L Yu & M Tomonaga, 2015

43. S Watanabe, 2016, *Int. J. Comp. Psychol.*, *29*

44. Y Hishimura, 2015, *Behav. Proc.*, *111*, 34−36

45. YF Guzmán et al., 2009

46. S Kiyokawa, S Hiroshima, ... & Y Mori, 2013

47. K Mikami, ... & Y Mori, 2016

48. CL Coe et al., 1982

49. AI Faustino et al., 2017

50. 菊水健史 , 2018

51. JC Fady, 1972, *Behav.*, *43*, 157−164

52. Petit, C Desportes & B Thierry, 1992

53. M Schmelz, ... & CJ Völter, 2017

54. AM Seed, ... & NJ Emery, 2008

55. F Péron, ... & D Bovet, 2011

56. S Hirata & K Fuwa, 2007

57. R Chalmeau, K Lardeux, ... & A Galo, 1997

58. KA Cronin et al., 2005

59. CM Drea & AM Cater, 2005

60. JM Plotnik, ... & FBM De Waal, 2011

61. S Marshall-Pescini, JF Schwarz, ... & F Range, 2017

62. JJM Massen, C Ritter & T Bugnyar, 2015

63. AL Vail, A Manica & R Bshary, 2014

64. E Visalberghi et al., 2000

65. KA Mendres & FBM de Waal, 2000

66. L Ostojić & NS Clayton, 2014

67. 文献61に同じ

68. SF Brosnan & FBM de Waal, 2014

69. SF Brosnan & FBM de Waal, 2003

70. F Range, K Leitner & Z Virány, 2012i
71. L Oberliessen et a, 2016
72. CAF Wascher & T Bugnyar, 2013
73. S Watanabe, 2017, Learn. Motiv., 59, 38–46
74. NJ Raihani, K McAuliffe, ... & R Bshary., 2012
75. Y Hachiga et al., 2009
76. 瀧本彩加, 2015
77. S Yamamoto, T Humle & M Tanaka, 2009
78. AP Melis, F Warneken, ... & M Tomasello, 2010
79. GE Rice & P Gainer, 1962
80. JJ Lavery & PJ Foley, 1963
81. K Macpherson & WA Roberts, 2006
82. L Di Vito, ... & P Tinuper, 2010
83. S Marshall-Pescini, R Dale, ... & F Range, 2016
84. EL Thorndike, 1920, *Harper's Magazine*, 140, 227–235
85. FBM de Waal, 1982/1984 政治をするチンパンジー
86. RW Byrne & A Whiten (Eds.), 1988/2004, マキャベリ的知性と心の理論の進化論
87. RA Barton & RIM Dunbar, 1997, In A. Whiten & R. W. Byrne (Eds.), *Machiavellian intelligence II*
88. HS Swarth, 1935
89. CA Ristau, 1991, In CA Ristau (Ed.), *Cognitive ethology*
90. DL Cheney & RM Seyfarth, 1990, *How monkeys see the world*
91. S Hirata & T Matsuzawa, 2001
92. F Amici, J Call & F Aureli, 2009
93. S Coussi-Korbel, 1994
94. MA Steele, SL Halkin, ... & M Meam, 2008
95. NS Clayton, JM Dally & NJ Emery, 2009
96. B Hare, J Call & M Tomasello, 2006
97. D Premack & G Woodruff, 1978, *Science*, 202, 532–535
98. D Premack & G Woodruff, 1978, *Behav. Brain Sci., 1,* 515–526
99. H Wimmer & J Perner, 1983
100. C Krachun, M Carpenter, J Call & M Tomasello, 2009
101. DJ Povinelli & TJ Eddy, 1996, *Monogr. Soc. Res. Child Dev., 61(3)*
102. J Call & M Tomasello, 2008
103. C Krupenye et al., 2016
104. M Gácsi et al., 2004
105. C Schwab & L Huber, 2006
106. Z Virányi, ... & V Csányi, 2006
107. B Hare & M Tomasello 2005
108. JL Gagliardi et al., 1995
109. JH Masserman et al., 1964
110. RM Church, 1959
111. S Watanabe & K Ono, 1986
112. 青山謙二郎・岡市広成, 1996
113. M Tanaka, A Tsuda, ⋯ & T Shimizu, 1991
114. DJ Langford et al., 2006
115. ML Smith, N Asada & RC Malenka, 2021
116. CR Darwin 1871/2016, 人間の進化と性淘汰
117. A Pérez-Manrique & A Gomila, 2018
118. D Custance & J Mayer, 2012
119. IBA Bartal et al., 2011
120. H Ueno, S Suemitsu, ... & T Ishihara, 2019
121. N Sato, ... & M Okada, 2015
122. Y Hachiga et al., 2018
123. KL Hollis, 2017
124. A Smith, 2006, *Psychol. Rec., 56,* 3–21
125. SD Preston & FBM De Waal, 2002
126. 上野将敬, 2016
127. V Dolivo & M Taborsky, 2015
128. JM Burkart et al., 2014
129. 山本真也, 2010
130. EO Wilson, 1975/1999, 社会生物学
131. R Dawkins, 1976/1980, 生物＝生存機械論
132. MA Krause et al., 2018
133. E Kubinyi et al., 2007
134. MAR Udell et al., 2010

135. MAR Udell et al., 2008
136. AM Elgier et al., 2009, *Behav. Proc., 81*, 402-408
137. PJ Reid, 2009
138. GG Gallup, Jr., 1970
139. GG Gallup, Jr., 1982
140. DJ Povinelli et al., 1993
141. CA Lage et al., 2022
142. 草山太一ら, 2012
143. Y Lei, 2023, *Front. Psychol. 13*, 1065638

第10章
1. J Nielsen, ... & JF Steffensen, 2016
2. PG Butler et al., 2013
3. KP Jochum, ... & PN. Froelichet, 2017
4. AM Boehm, ... & TC Bosch, 2012
5. San Diego Zoo Wildlife Alliance, Updated May 16, 2023, http://ielc.libguides.com/ sdzg/factsheets/ redcrownedcrane
6. 中島定彦, 2019, 動物心理学
7. American Oceans, Updated May 1, 2023, https://www.americanoceans.org/species/ loggerhead-turtle/
8. 吉村仁, 2005, 素数ゼミの謎
9. 獣医師広報版, https://www.vets.ne.jp/ age/pc/
10. 矢島稔, 2003, 謎とき昆虫ノート
11. TM Alloway, 1972, *Am. Zool., 12*, 471-477.
12. T Tully, V Cambiazo & L Kruse, 1994
13. DJ Blackiston et al., 2008
14. RR Miller & AM Berk, 1977
15. Y Sugiyama, 1965
16. G Schaller, 1973/1982, セレンゲティラ イオン
17. 伊藤嘉昭ら, 2002, 石原勝敏ら（編）, 生物学データ大百科事典［下］
18. 長谷川眞理子, 1992, 伊藤嘉昭（編）, 動物社会における共同と攻撃
19. 高橋良哉, 2010
20. 久保南海子, 2000
21. C Blakemore & GF Cooper, 1970
22. AH Riesen, 1950
23. HW Nissen et al., 1951
24. HF Harlow & MK Harlow, 1962
25. 糸魚川直祐, 1978
26. R Melzack & WR Thompson, 1956
27. MR Rosenzweig, EL Bennett & MC Diamond, 1972
28. P Sampedro-Piquero, P Álvarez-Suárez, ... & A Begega, 2018
29. 上野吉一, 2009, キリンが笑う動物園
30. 佐藤衆介, 2005, アニマルウェルフェア
31. EH Hess, 1973, *Imprinting*
32. EH Hess, 1958
33. S Okabe, ... & T Kikusui, 2017
34. JS Rosenblatt & HI Siegel, 1983, In RW Elwood（Ed.）, *Parental behaviour of rodents*
35. ML Riedman, 1985
36. BD Wisenden 1999
37. K Lorenz, 1943, *Z. Tierpsychol., 5*, 235-409
38. J Golle et al., 2013
39. A Sato, ... & N Masataka, 2012
40. 川口ゆり・中村航洋・友永雅己, 2021
41. HF Harlow & RR Zimmermann, 1959
42. TR Insel & JT Winslow, 1991
43. S Kojima, ... & JR Alberts, 2012
44. M Nakajima, A Görlich & N Heintz, 2014
45. LR Moscovice & TE Ziegler, 2012
46. C Crockford et al., 2014
47. C Crockford et al., 2013
48. RM Wittig et al., 2014
49. T Romero et al., 2012
50. M Nagasawa, S Mitsui, ... & T Kikusui, 2015
51. A Portmann, 1951/1961, 人間はどこまで 動物か
52. H Makino, R Masuda & M Tanaka, 2006
53. J Piaget, 1936/1978, 知能の誕生
54. FY Doré & C Dumas, 1987
55. S Gagnon & FY Doré, 1992
56. B Osthaus et al., 2005

57. E Collier-Baker et al., 2004
58. JP Scott & JL Fuller, 1965, *Genetics and the social behavior of the dog*
59. 渡邊芳之, 2010, 性格とはなんだったのか
60. LR Talbot, 1922
61. RM Yerkes, 1939, *Am. Nat., 73*, 97-112
62. JA Mather & DM Logue, 2013, In C Carere & D Maestripieri（Eds.）, *Animal personalities*
63. 菅原健介, 2014, 下山晴彦（編集代表）, 誠信心理学辞典
64. JM Koolhaas et al., 1999
65. JA Mather & RC Anderson, 1993
66. SD Gosling, 1998
67. SD Gosling, VSY Kwan & OP John, 2003
68. SD Gosling, 2008
69. HD Freeman & SD Gosling, 2010
70. AC Jones & SD Gosling, 2005
71. 平芳幸子・中島定彦, 2009
72. D Réale et al., 2007
73. SE Koski, 2014
74. 若林明雄, 2009, パーソナリティとは何か
75. A Sih et al., 2004
76. AM Bell, 2005, *J. Evol. Biol., 18*, 464-473
77. 今野晃嗣ら, 2014
78. C Carere & D Maestripieri, 2013, *Animal personalities*
79. BL Hart & LA Hart, 1988/1992, 生涯の友を得る愛犬選び
80. 村山美穂, 2012
81. PL Bignami, 1965
82. RL Elkins, 1986
83. PL Broadhurst, 1975
84. 藤田統ら, 1980
85. RC Tryon, 1940

事項索引

あ

亜……3
愛着……185
アイ・プロジェクト……127
アイマー器官……58
赤の女王仮説……4
欺き……170
亜社会性……161
アショフの法則……75
亜成体……182
遊び……78
アフォーダンス学習……164
アリーの原理……162
アルファ個体……163
アレンの法則……3
アロメトリー……136
アンブラ型受容器……47
鋳型……123
意識……i
1次強化子……101
移調……148
5つの自由……19
逸話的記録……18
遺伝……4
遺伝子型……4
遺伝的浮動……5
意図……117
意図的表情……118
異物合わせ……89
異物課題……145
異物見本合わせ……89
意味……117
意味記憶……112
隠蔽……96
ウィスコンシン一般検査装置……88
ウィン・ステイ／ルーズ・シフト……95
ウェーバー小骨……43
羽角……46

歌……120
歌学習……185
エピソード記憶……112
エピソード的記憶……113
エボデボ……179
エミュレーション……164
エムレン漏斗……69
絵文字……126
援助行動……169
延滞条件づけ……100
延滞模倣……165
横断的研究……179
オープンフィールド……91
オキシトシン……186
奥行知覚……33, 38
オペラント……12
オペラント条件づけ……12, 86
音源定位……42, 46
温度走性……77

か

科……3
下……3
カーミング・シグナル……119
界……3
回顧的記憶……106
外耳孔……43
概日リズム……74
外耳道……43
海水回遊魚……71
回想記憶……106
概潮汐リズム……74
回転カゴ……74
概念……142
概年リズム……74
解発効果……61
解発子……63
回避学習……87

カウンター・マーキング……………131
化学感覚……………50
鍵刺激……………63
学習……………81
学習性無力感……………97
学習セット……………95
学習の構え……………95
学名……………2
隔離実験……………63
窩状眼……………24
仮説構成体……………86
カテゴリ概念……………142
価値……………64
可聴域……………44
夏眠……………75
カメレオン効果……………167
加齢……………183
感覚……………21
感覚器……………22
感覚子……………50
感覚性強化……………78
感覚の質……………22
感覚毛……………58
環境エンリッチメント……………184
関係性見本合わせ……………146
観察学習……………164
観察者効果……………11
感受期……………185
干渉説……………104
感性予備条件づけ……………84
環世界……………22
間接互恵性……………174
桿体細胞……………30
眼点……………24
カンブリア爆発……………93
顔面動作符号化システム……………118
完了行為……………63
記憶……………99
記憶表象……………106
擬死……………79
疑似条件づけ……………85

気質……………190
希釈効果……………162
技術的知性……………140
擬傷……………170
帰巣……………68
基数性……………154
季節リズム……………75
期待相反……………157
起動効果……………61
機能モジュール……………16
輝板……………25
逆説睡眠……………73
逆転学習……………95
求愛音声……………67, 120
求愛給餌……………67
求愛行動……………67
求愛ダンス……………67
嗅覚……………50
嗅球……………51
嗅上皮……………51
救難音声……………120
嗅房……………51
休眠……………75
嗅葉……………51
強化……………64
強化子……………87
共感……………172
興ざめ仮説……………i
共進化……………4
鏡像自己認知……………177
強直性不動……………79
強電魚……………47
共同保育……………186
協力……………168
局所強調……………164
気流走性……………77
筋紡錘……………57
空間学習……………91
空間分解能……………26
クオリア……………22
クチクラ……………50

クチクラ装置……………50
クリッカートレーニング……………16
グルーミング……………118
グレイザー……………66
クレバー・ハンス効果……………11
グロージャーの法則……………3
群行動……………162
群選択……………175
群知能……………162
警戒音声……………120
継時弁別……………88
計数……………155
形態視……………34
系統的変化法による統制……………94
系統発生……………179
系統分類……………2
系列学習……………112
系列記憶……………115
系列パターン学習……………112
系列プローブ再認課題……………115
経路結合……………76
ゲシュタルト心理学……………14
ゲシュタルト……………41
血縁選択……………175
結晶化……………123
結節型受容器……………47
弦音器……………42
研究室実験……………19
弦響器……………42
顕在記憶……………112
検索……………99
減衰説……………104
綱……………3
蝗害……………70
降河回遊魚……………71
効果の法則……………10
孔器官……………31
好奇心……………78
高次条件づけ……………84
向社会行動……………169
向社会性……………169

向性……………9, 77
交替性転向反応……………100
行動遺伝学……………192
行動圏……………163
行動主義……………12
行動シンドローム……………192
行動生態学……………15
交尾期……………75
交尾行動……………67
公平……………168
航路決定……………68
個眼……………24
刻印づけ……………184
互恵的利他行動……………174
心……………i
子殺し……………183
心の理論……………171
誤信念テスト……………171
個体群生態学……………162
個体追跡法……………18
個体発生……………179
骨迷路……………43
固定的動作パターン……………63
古典的条件づけ……………84
壺嚢……………43
子の刻印づけ……………185
鼓膜……………43
鼓膜器……………42
コミュニケーション……………117
固有感覚……………56
孤立項選択課題……………145
ゴルジ腱器官……………57
婚姻贈呈……………67
痕跡条件づけ……………100

さ

採餌戦略……………66
さえずり……………120
さえずりの学習……………185
作業記憶……………99
錯視……………39

雑食動物	66	地鳴き	120
作動記憶	99	屍肉食者	66
作用道具	141	縞視力	26
3Rの原理	19	視野	32
参加（参与）観察	18	社会緩衝作用	167
3項随伴性	86	社会性動物	161
散在性視覚器	24	社会生物学	15, 175
参照記憶	99	社会的促進	164
恣意的見本合わせ	89	社会的知性	170
耳介	43	社会脳化説	170
視覚	24	弱電魚	47
死角	32	しゃべる鳥	128
視覚的錯覚	39	種	2
視覚的断崖	38	自由継続周期	75
視覚的注意	36	集合的知性	162
時間分解能	37	自由神経終末	56
色覚	30	従属変数	18
シグナリング効果	61	縦断的研究	179
シグネチャー・ホイッスル	121	習得性強化子	101
刺激競合	85	収斂進化	5
刺激強調	164	受胎	179
刺激性制御	88	受動的触覚	58
刺激等価性	150	種に特有な防衛反応	16
自己意識	177	受容器	21
自己受容感覚	56	順位制	163
視軸	26	馴化	82
指示忘却	108	春期発動	180
視精度	26	上	3
耳石器	43	生涯発達	179
自然回復	82	消去	84
自然観察	18	条件刺激	84
自然選択	4	条件性弁別	88
自然淘汰	4	条件づけ	12
自然の階梯	6	条件反射	9
自然表情	118	条件反応	84
自然分類	2	小数視力	26
実験者効果	11	象徴距離効果	153
実験的観察	19	象徴見本合わせ	89
実験的行動分析	13	焦点視	33
湿度走性	77	情動	65
しっぺ返し戦略	174	常同行動	184

情動的共感……………173
情動伝染……………172
情動熱……………65
剰余変数……………18
省略学習……………87
女王物質……………61
初期学習……………185
初期経験……………184
触毛……………58
序数性……………154
鋤鼻器……………60
ジョンストン器官……………42
自律航法……………76
尻振りダンス……………122
視力……………26
事例説……………142
人為分類……………2
進化……………4
進化心理学……………16
進化発生生物学……………179
新奇恐怖……………78, 83
新奇好み……………78
神経行動学……………15
信号効果……………61
信号刺激……………63
新行動主義……………12
真社会性……………161
心身二元論……………6
心的時間旅行……………113
真にランダムな統制……………85
真の模倣……………164
深部感覚……………56
推移性……………150
推移的推論……………152
水晶体眼……………24
推測航法……………76
錐体細胞……………30
推理能力……………142
推量……………155
数的能力……………154
スキナー派……………86

スキナー箱……………13
ストレス誘導性体温上昇……………65
スネレン視標……………26
すみわけ……………5
刷り込み……………184
性行動……………67
星座コンパス……………68
制止条件づけ……………85
静止視力……………26
成熟……………179
生殖的隔離……………5
性成熟……………180
性選択……………4
生息地マッチング……………162
成体……………180
生体外検査……………23
生態的地位……………5
生態的寿命……………181
生態的妥当性……………19
生態展示……………184
生体内検査……………23
成長……………179
性的刻印づけ……………185
性淘汰……………4
生得性強化子……………101
生得的解発機構……………63
生得的行動……………63
正の強化……………87
正の走性……………77
正の罰……………87
生物時計……………74
生物リズム……………74
生理的寿命……………181
生理的早産……………188
潜在記憶……………112
戦術……………79
選択圧……………4
選択交配……………19
戦略……………79
相互同期……………167
操作的定義……………21

相似……………………………5
走湿性…………………………77
草食動物………………………66
走性…………………………63, 77
相対的数性判断………………154
走電性…………………………77
相同……………………………5
走熱性…………………………77
走風性…………………………77
相変異…………………………70
遡河回遊魚……………………71
属………………………………2
即座認知………………………155
即時マッピング………………133
側線器…………………………42
阻止……………………………96
素朴心理学……………………135

た

他種我問題……………………i
他我問題………………………i
退化……………………………4
体内時計………………………74
対称性…………………………150
体性感覚………………………56
太陽コンパス…………………68
代理母…………………………187
他感作用………………………7
脱馴化…………………………82
WWW記憶……………………113
タペタム………………………25
だまし…………………………170
単眼……………………………25
短期記憶………………………99
短期馴化………………………83
探索像…………………………36
淡水回遊魚……………………71
遅延強化………………………101
遅延反応………………………102
遅延見本合わせ………………89
知覚……………………………21

知覚道具………………………141
地磁気コンパス………………68
知性……………………………135
知能……………………………135
チャンク………………………112
仲介変数………………………19
中間サイズ問題………………148
昼行性動物……………………72
中耳……………………………43
抽象化…………………………142
中心窩…………………………30
超音波…………………………44
聴覚……………………………42
聴覚閾…………………………44
長期記憶………………………99
長期馴化………………………83
超個体…………………………162
潮汐リズム……………………74
聴力図…………………………44
貯食……………………………110
貯蔵……………………………99
直感的把握……………………155
地理的隔離……………………5
陳述記憶………………………112
ツァイトゲーバー……………74
つつきの順位…………………163
定位……………………………68
定向進化………………………4
T字迷路………………………91
ディスプレイ…………………119
デイリートーパー……………75
ティンバーゲンの4つの問い（なぜ）……15
適応放散………………………4
適刺激…………………………22
適者生存………………………8
テスト刺激……………………89
電気感覚………………………47
電気走性………………………77
典型説…………………………143
天変地異説……………………8
展望記憶………………………106

同異概念……144
同異課題……144
同一性概念……144
同一見本合わせ……89
動因……64
動因低減……64
動機づけ……64
道具使用……140
道具的条件づけ……86
洞察……138
等質化による統制……94
同時弁別……88
同時見本合わせ……89
同情……172
動性……77
統制観察……18
淘汰圧……4
動体視力……26
同調……167
頭頂眼……25
逃避学習……87
動物行動学……15
動物催眠……79
動物心理学……i
動物心理物理学……23
動物福祉……19
冬眠……75
洞毛……58
通し回遊魚……71
特性因子……191
特徴説……143
独立変数……18
突然変異……5

な

内耳……43
内臓感覚……56
なわばり……163
匂いの指紋……131
肉食動物……66
2行為手続き……164

2次強化子……101
2次条件づけ……84
日内休眠……75
2貯蔵庫説……99
日周リズム……74
ニッチ……5
二名法……2
認知……21
認知心理学……17
認知地図……91
認知的共感……173
認知動物行動学……17
認知動物心理学……17
年周リズム……74
脳化係数……136
脳化指数……136
能動的触覚……58
ノンレム睡眠……73

は

パーソナリティ……190
バイオロギング……18
媒介変数……19
配偶行動……67
杯状眼……24
排他的推論……158
剥奪……64
薄明薄暮性動物……72
場所細胞……91
ハズバンダリートレーニング……16
罰子……87
発情期……75
発達……179
パッチ……66
パノラマ視……33
パブロフ型条件づけ……84
ハミルトン則……175
般化……82
般化勾配……88
半規管……43
半球睡眠……73

反響定位……………48
反射……………9, 63
反射性……………150
繁殖期……………75
比較刺激……………89
比較心理学……………7
比較認知科学……………17
鼻腔……………51
ヒゲ感覚……………58
鼻孔……………51
非陳述記憶……………112
ピット器官……………31
必要……………64
鼻嚢……………51
皮膚感覚……………56
被包性終末……………56
非見本合わせ……………89
尾葉……………56
表現型……………4
標識……………68
標的行動……………16
敏感期……………185
びん首効果……………5
フェロモン……………60
フォスターの法則……………3
複眼……………24
符号化……………99
不公平嫌悪……………168
物理的知性……………140
負の強化……………87
負の走性……………77
負の罰……………87
プライマー効果……………61
ブラインドテスト……………11
ブラウザー……………66
フリーラン周期……………75
ブリッジ……………101
触れ合い音声……………120
フレーメン……………60
文化……………166
分化条件づけ……………88

分数視力……………26
平行進化……………5
ベルクマンの法則……………3
変異……………4
変態……………182
弁別刺激……………86
包括適応度……………175
放射状迷路……………91
包接……………67
捕食者……………66
母川回帰……………53
本能……………63
本能的逸脱……………15
本能的行動……………63
ボンビコール……………60

ま

マーキング……………131
マーキング効果……………101
マークテスト……………177
マキャベリ的知性……………170
膜迷路……………43
末端項目効果……………153
回し車……………74
味覚……………50
味覚嫌悪学習……………84
水迷路……………91
見通し……………138
見本合わせ……………88
味蕾……………51
ミラーニューロン……………165
無意識的物真似……………167
無条件刺激……………84
無条件反射……………9
無条件反応……………84
群れ……………162
鳴禽類……………123
迷路……………10
迷路外手がかり……………91
迷路内手がかり……………91
メタ記憶……………109

メタ道具……………………141
メタ認知……………………109
メッセージ…………………117
メルケル細胞…………………56
メロン…………………………48
盲点…………………………25
毛包受容器……………………56
モーガンの公準………………9
目……………………………3
モデル／ライバル法………128
模倣…………………………164
模倣学習……………………164
門……………………………3
問題箱………………………10

や

ヤーキッシュ………………126
野外実験……………………19
夜行性動物……………………72
ヤコブソン器官………………60
誘因…………………………64
指さしテスト………………176
幼児図式……………………186
幼生…………………………182
幼体…………………………182
予見的記憶…………………106
欲求…………………………64
欲求行動……………………63

ら

ラゲナ………………………43
ラナ・プロジェクト………126

ランドマーク…………………68
ランドルト環…………………26
利己主義……………………174
利己的遺伝子………………175
利己的行動…………………174
理想自由分布………………162
利他行動……………………174
利他性………………………174
立体視……………………33, 38
両側回遊魚……………………71
リリーサー効果………………61
臨界期………………………184
臨界融合頻度…………………37
隣人嫌悪効果………………163
隣人効果……………………163
零下馴化………………………82
レスコーラ＝ワグナー・モデル…85
レスポンデント………………12
レスポンデント条件づけ……12
レック繁殖……………………67
レム睡眠………………………73
連合学習理論…………………86
連合主義………………………9
レンズ眼………………………24
連続逆転学習…………………95
老衰…………………………179

わ

Ｙ字迷路………………………91
渡り…………………………70
ワタリバッタ………………70
渡りのいらだち………………70

人名索引

あ

アリー……………………162
アリストテレス……………6, 21
ウィソン……………………175
ウィリス………………………9
ウィン＝エドワーズ…………175
ウォレス………………………8
ウッドワース…………………64
ヴント…………………………8
エビングハウス………………99
エプスタイン…………132, 139
オキーフ………………………91
オルトン………………………91

か

ガードナー夫妻……………124
カバナク………………………65
ガルシア………………………15
ガルバーニ……………………9
河合雅雄……………………166
ギブソン………………………38
ギャラップ…………………177
キュビエ………………………7
郭任遠…………………………63
グドール……………………140
グリフィン……………………17
クレイグ………………………63
クレイトン…………………113
ケーラー……14, 138, 148, 154, 161
ケロッグ……………………124
コスミデス……………………16
ゴスリング……………………191
コッピンジャー………………78
コノルスキー………………106

さ

サベージ＝ランボー…………127
ジェームズ……………………63

た

ジェニングズ…………………9
ジェリソン…………………136
シェルデラップ＝エッベ……163
シドマン……………………150
シャラー……………………183
シュスターマン……………129
スキナー………………………12
杉山幸丸……………………183
スペンサー……………………8
スペンス……………………148
スモール………………………10
セリグマン……………………16
ゼントール…………………164
ソープ………………………164
ソーンダイク…………………10

た

ダーウィン…………8, 76, 172
タルビング…………………113
チョムスキー………………125
デイヴィス…………………154
ディッキンソン……………113
ティンバーゲン………………15
デカルト…………………6, 130
デネット………………………21
テラス………………………125
ドゥ・ヴァール……………170
トゥービー……………………16
ドーキンス…………………175
トールマン……………………12
トッド………………………128
トマセロ……………………164
トライオン…………………193

な

ネーゲル………………………49

は

バークハート……………………78
ハーマン……………………129
バーライン……………………78
ハーロー……………………95, 187
ハーンシュタイン……………………142
ハインド……………………16
パヴロフ……………………9
ハミルトン……………………175
ハル……………………12, 148
パンクセップ……………………65
ハンター……………………102
ピアジェ……………………188
ビーチ……………………13
ビターマン……………………94
ファウツ……………………124
フォーダー……………………16
フォン＝オステン……………………11
フォン＝フリッシュ……………………15, 122
ブテナント……………………60
プフングスト……………………11
ブライアー……………………16
ブラウ……………………23
フルーラン……………………7
プレマック……………………126, 146
ブレランド夫妻……………………15
ヘイズ……………………124
ヘッケル……………………179
ペパーバーグ……………………128
ベヒテレフ……………………9
ヘルムホルツ……………………9
ボゥルズ……………………15
ホーニック……………………17
ホケット……………………130

ポルトマン……………………188

ま

マウラー……………………128
マキャベリ……………………170
マクファイル……………………95
マッキントッシュ……………………97
ミラー……………………64
メディン……………………17
モーガン……………………8
モリス……………………91

や

ヤーキズ……………………14, 190
ユクスキュル……………………22, 141

ら

ラマルク……………………8
ラ・メトリ……………………6
ランバウ……………………126
リッツォラッティ……………………165
レスコーラ……………………85
ロイトブラット……………………107
ロエブ……………………9
ローゼンツワイク……………………184
ローレンツ……………………15, 186
ロック……………………9, 142
ロマーニズ……………………8

わ

ワーデン……………………64
ワグナー……………………85
ワッサーマン……………………17
ワトソン……………………10

おわりに

2020年11月から私が理事長（会長）を務める日本動物心理学会は、今年90周年を迎えました（1933年に「動物心理學會」として発足し、1958年に「日本」が冠せられました）。現在まで続く心理学関係の全国的組織としては、日本心理学会（1927年発足）、応用心理学会（1931年発足）に次ぎ、国内で3番目に伝統のある学術団体です。学術誌『動物心理』も翌1934年に創刊されています（1944年に『動物心理學年報』、1990年に『動物心理学研究』に誌名変更）。

海外では、ドイツ動物心理学会 Deutsche Gesellschaft für Tierpsychologie が1936年に発足し、翌1937年に機関誌『動物心理学報 Zeitschrift für Tierpsychologie』が創刊されています。なお、同誌は1986年に英文誌『動物行動学 Ethology』に誌名変更し、現在はドイツ語文化圏の動物行動学会 Ethologische Gesellschaft（1978年発足：本部スイス）の機関誌となっています。アメリカでは米国心理学会に部会制度が発足した1944年に第6部会として「生理心理学および比較心理学」が誕生し（1990年に「行動神経科学および比較心理学」に改名）、北米の動物心理学者が多く所属しています。

動物心理学者の国際組織としては、1983年に正式発足した国際比較心理学会 International Society for Comparative Psychology が隔年で大会を開催していて、1987年から機関誌『国際比較心理学雑誌 International Journal of Comparative Psychology』が発行されています。なお、動物心理学のうち比較認知研究の分野では1999年に比較認知学会 Comparative Cognition Society が組織され、毎年3月に米国フロリダで学術集会（International Conference on Comparative Cognition, CO3）を開催し、機関誌『比較認知・行動総説 Comparative Cognition and Behavior Reviews』が2006年に創刊されています。

動物心理学の研究成果は上記の諸学会以外でも発表されています。日本国内に限っても、日本動物行動学会（1982年発足）、日本霊長類学会（1985年発足）、ヒトと動物の関係学会（1997年発足）、応用動物行動学会（2002年発足：2019年度から「動物の行動と管理学会」に名称変更）などの学術集会で動物心理学に関連する発表があります。

残念ながら、こうした学術活動は一般の方々にあまり知られていないようです。そこで、入門書の執筆を思い立ち、昭和堂の大石泉さんに相談させていただきました。2007年の3月のことです。編集部ですぐご快諾いただき、200ページ程度の書籍になるよう書き始めましたが、勤務校や所属学会の諸業務、実験と論文執筆、日々の些事などに追われ、なかなか執筆は進みませんでした。2018年の10月になんとか脱稿し、数度の校正を経て、『動物心理学—心の射影と発見—』として出版にいたったのが翌2019年10月です。

　しかし、480ページという分量になっただけでなく、専門性が高く入門書とはいいづらくなりました。幸い勤務校から出版助成を得たのですが、それでも気軽に買える価格ではありません。そこで、同書の簡略版が出せないか大石さんを通して昭和堂編集部にお願いしました。ありがたいことに、すぐに承諾いただきましたが、取り上げるテーマの取捨選択に時間がかかり、また新しい話題も盛り込もうとしたため、執筆に3年半の月日を要しました。

　本書のベースとなった前掲書は11章構成です。その第1章と第2章を本書では1つにまとめ、第3章を2分割し、第11章は割愛して、全10章構成としています。大学の講義は半期14〜15回が標準ですから、本書を教科書として使用する場合は、各章を1回の講義で教授すると4〜5回分不足します。それらについては講義担当者の専門テーマの特講、動物行動のドキュメンタリービデオの視聴、テストや質問などに当てればよいでしょう。

　なお、本書を教科書として使う際に、講師がテーマを選択して話しやすいよう、ほぼすべてのページで話が見開きで完結するようにしました。また、コンパクトにまとめるため、文献引用は番号方式として、1か所につき1点に絞っていますので、より詳しい出典については前掲書を参照ください（動物の視力一覧表なども同書のほうが多くの種の値を記しています）。

　さて、今回も表紙デザインに私の希望を反映していただきました。この点を含め本書の出版にご理解、ご尽力いただいた、大石さんをはじめ昭和堂の皆さんに感謝申し上げます。

2023年7月9日

中島定彦

●著者略歴

中島　定彦（なかじま　さだひこ）
関西学院大学文学部総合心理科学科教授　博士（心理学）（慶應義塾大学）
1965 年 高知市生まれ
1988 年に上智大学文学部心理学科を卒業し、慶應義塾大学大学院社会学研究科心理学専攻に進学。
日本学術振興会特別研究員 PD（関西学院大学）、同海外特別研究員（ペンシルベニア大学）を経て
1997 年に関西学院大学専任講師。助教授、准教授を経て 2009 年より現職。2007 ～ 2008 年にシドニー
大学客員研究員。
　現在、関西心理学会会長、日本動物心理学会理事長（会長）、公益社団法人日本心理学会理事、
日本基礎心理学会理事、国際比較心理学会機関誌編集委員などを務める。
　著書に『学習の心理—行動のメカニズムを探る』［共著］（サイエンス社、2000、第 2 版：2019）、
『アニマルラーニング—動物のしつけと訓練の科学』（ナカニシヤ出版、2002）、『学習心理学におけ
る古典的条件づけの理論—パヴロフから連合学習研究の最先端まで』［編著］（培風館、2003）、『行
動生物学辞典』［共編著］（東京化学同人、2013）、『行動分析学事典』［共編著］（平凡社、2019）、『動
物心理学—心の射影と発見』（昭和堂、2019）、『学習と言語の心理学』（昭和堂、2020）など。

動物心理学への扉——異種の「こころ」を知る

2023 年 9 月 25 日　初版第 1 刷発行

著　者　中島　定彦

発行者　杉田　啓三

〒 607-8494 京都市山科区日ノ岡堤谷町 3-1
発行所　株式会社　昭和堂
TEL（075）502-7500 ／ FAX（075）502-7501

©2023 中島定彦　　　　　　　　　　　印刷　亜細亜印刷

ISBN 978-4-8122-2221-8
乱丁・落丁本はお取り替えいたします。
Printed in Japan

動物心理学
―― 心の射影と発見 ――

中島定彦 著

昭和堂

動物心理学―心の射影と発見―
中島定彦　著
Ａ５判　496頁　定価：本体5,000円＋税

昭和堂ホームページ　http://www.showado-kyoto.jp

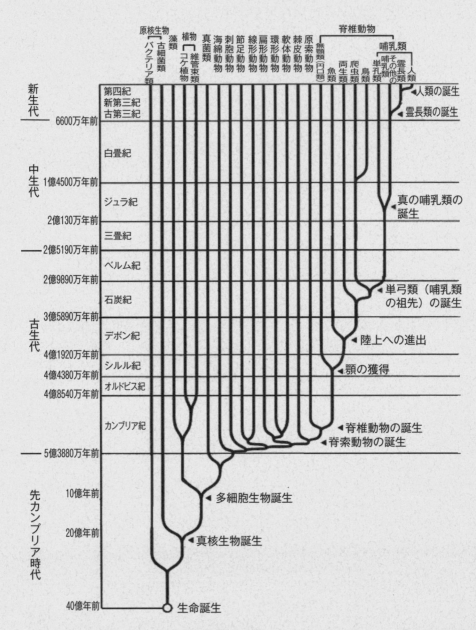

生物系統樹

『特別展 生命大躍進—脊椎動物のたどった道—』図録（2015, 国立科学博物館・NHK）の扉年表を
参考にして作図しました。境界年は国際年代層序表2022年版によります。